生理学・生化学につながる

ていねいな 生物学

著
白戸亮吉，小川由香里，鈴木研太

羊土社
YODOSHA

はじめに

　「生理学・生化学につながる ていねいな生物学」を手にとっていただき，ありがとうございます．医療系の職業に就くためには，生物学のヒトにかかわる分野のなかでも，人体の働き（機能）や生命現象が起こるしくみ（メカニズム）を考える生理学（Physiology），生命現象を引き起こす物質や人体で生じる化学反応を考える生化学（Biochemistry）の知識が必要不可欠です．本書は，**医療系の大学・短期大学・専門学校で学ぶ学生を対象とし，生理学・生化学を理解するための土台を築く「生物学（biology）」**の教科書です．

　著者らは，高等学校の「生物基礎」や「生物」を未履修，または理解が不十分で大学の学修に不安をもつ学生を手助けしたいという強い思いをもち続けていました．そこで，高等学校で学習する分野を中心に**医療系で必要となる生物学の基礎的内容に集中してていねいに解説**し，生理学・生化学導入の助けとなる教科書をまとめることにしたのです．白戸は現在，「生物学」などの講義を担当し，「生理学」と「生化学」についても担当経験があります．小川は「生理学」，「生化学」などを担当しています．鈴木は「生物学」，「化学・生物学実験」などを担当し，「人体機能学（生理学）」についても担当経験があります．われわれは，医療系初年次教育における指導経験をフル活用して本書の執筆に取り組みました．

　本書では，生理学・生化学に必要となる基礎的な内容をまとめています．まず1章では，生物の基本的な構成単位である細胞のつくり（構造）と働き（機能），遺伝情報をもとにさまざまなタンパク質がつくられていく過程，生殖細胞から人体がつくられていく過程についての流れを捉えてください．2章では，食物に含まれる栄養素の消化・吸収の流れと，栄養素の利用（栄養素の代謝）とのつながりについて扱います．消化された食物の栄養素が体内へ吸収され，エネルギーがつくられていくしくみをみていきます．3章では，血液を中心に体液の循環と調節のしくみを扱います．病原体などからからだを守るしくみ，呼吸とのかかわり，不要な物質を排出する尿生成についてもふれていきます．4章では，体外からの刺激を受け取り，反応が生じるまでの刺激の受容と反応のしくみを扱います．刺激を受容する感覚受容器，情報を伝える神経やホルモン，筋収縮のしくみなどをみていきます．このように，生命現象にかかわる

内容をさまざまな角度から見つめ，概要をつかむことで，**医療系で必須となる生理学・生化学へとスムーズに学修を進めていくことができる構成**となっています．また，本書は姉妹書である「生理学・生化学につながる ていねいな化学」とあわせて活用することをおすすめします．化学的な視点を得ることで，生命現象の本質的な理解へとさらに進むことができます．

　本書は，多くの方々のご尽力により出版に至ることができました．羊土社の企画担当の関家麻奈未様，編集担当としてわれわれを長期間支えてくださった原田悠様，内容の理解を後押しするたくさんの楽しいイラストを作成していただいた足達智様，刊行に携わってくださったすべての関係者の方々にこの場をお借りして心より感謝の意を示します．本書が，生理学・生化学を学ぶすべての方の力となることを，ここ埼玉県毛呂山の地より祈っております．

　2021年2月

白戸亮吉

小川由香里

鈴木研太

目次

3章　血液の循環と調節

4. ホルモンによる生理機能の調節　　183

■**正誤表・更新情報**
https://www.yodosha.co.jp/textbook/book/6231/index.html

本書発行後に変更，更新，追加された情報や，訂正箇所のある場合は，上記のページ中ほどの「正誤表・更新情報」を随時更新しお知らせします．

■**お問い合わせ**
https://www.yodosha.co.jp/textbook/inquiry/other.html

本書に関するご意見・ご感想や，弊社の教科書に関するお問い合わせは上記のリンク先からお願いします．

生理学・生化学につながる

ていねいな
生物学

1. 細胞小器官の機能と遺伝情報の発現

学習のポイント!

● 細胞の基本的な構造について理解しよう

● 細胞膜がかかわる物質の移動について理解しよう

● 遺伝情報の発現を中心に細胞小器官の機能について理解しよう

重要な用語

細胞

生物の基本単位. 組織・器官の機能に応じた多様な構造をもつ.

細胞膜

二層の脂質にタンパク質が入り混じった膜構造. 細胞膜は細胞内外への物質の流れを調節することで細胞内環境を適切に保っている. 細胞膜上の受容体による細胞内への情報伝達も行われる.

細胞小器官

細胞内にある特定の機能をもった構造. 核, リボソーム, 小胞体, ゴルジ体, リソソーム, ミトコンドリアなどがある.

核

二重の核膜をもち, 内部にDNAを含む構造. DNAに含まれる遺伝情報はmRNAに写しとられ (転写), 核膜孔から核外へ移動したmRNA, リボソーム, tRNAなどが協調して, アミノ酸を材料にタンパク質の合成が行われる (翻訳).

1. 原子から個体までの生物のレベル

生物の構造（つくり）には階層構造（階層性，図1-1）があり，**原子**, **分子**, **細胞**, **組織**, **器官**, **器官系**, **個体**と大きくなるにつれて複雑な機能をもつようになります．本書では生化学・生理学を理解するための基礎的な内容を扱うため，原子から個体の各レベルに注目していきます．

すべての生物のからだは，膜構造により外と区切られている細胞が基本的な単位とされています（図1-2）．生理学・生化学を学ぶうえでも，細胞レベルの機能や化学反応について理解することが基本となります．まずはじめに，細胞の構造（つくり，解剖）と機能（働き，生理）について説明していきます．

- 原子＝ atom
- 分子＝ molecule
- 細胞＝ cell
- 組織＝ tissue
- 器官＝ organ
- 器官系＝ organ system
- 個体＝ body

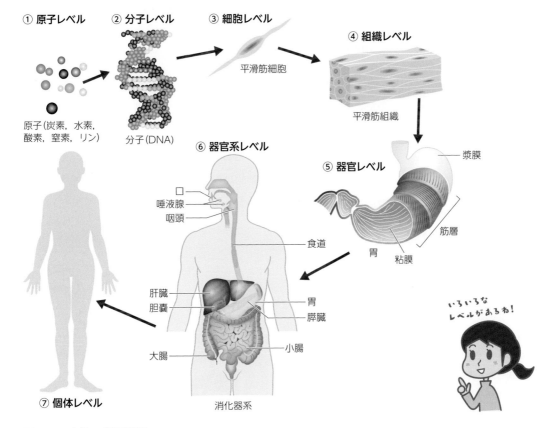

① 原子レベル
原子(炭素，水素，酸素，窒素，リン)

② 分子レベル
分子(DNA)

③ 細胞レベル
平滑筋細胞

④ 組織レベル
平滑筋組織

⑤ 器官レベル
漿膜
筋層
粘膜
胃

⑥ 器官系レベル
口
唾液腺
咽頭
食道
肝臓
胆嚢
胃
膵臓
大腸
小腸
消化器系

⑦ 個体レベル

いろいろなレベルがあるね！

図1-1 人体の階層構造
生物には階層構造があり，大きくなるにつれて複雑な機能をもつようになります．組織には上皮組織，結合組織，筋組織，神経組織，器官には筋肉，骨，内臓など，器官系には神経系，感覚器系，筋系，骨格系，消化器系，呼吸器系，循環器系，泌尿器系，生殖器系，内分泌系，外皮系があります．参考文献1をもとに作成．生物の階層については p14 コラム参照．

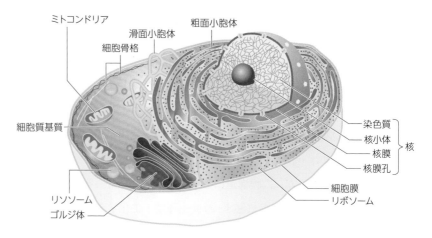

ミトコンドリア
滑面小胞体
粗面小胞体
細胞骨格
細胞質基質
染色質
核小体
核膜
核膜孔
リソソーム
ゴルジ体
細胞膜
リボソーム

核

図1-2　細胞の基本構造
細胞は細胞膜によって細胞外と区切られます．細胞内には細胞骨格，細胞小器官，細胞質基質が
みられます．参考文献2をもとに作成．

2. 細胞はなにでできている？

▶ 細胞膜の構造

● 細胞膜＝cell membrane
※1　生体膜（biomembrane）：細胞膜，
細胞小器官の膜はまとめて生体膜とよばれ
ます．
※2　コレステロール：細胞膜のコレステ
ロールは膜のもつ生理機能や恒常性の維持，
流動性を調節する役割などをもつと考えら
れています．
※3　糖脂質：糖が結合した脂質で，細胞
膜上に糖鎖があり，細胞間のコミュニケー
ション（情報伝達）などにかかわっていま
す．
● 脂質二重膜＝脂質二重層：lipid bilayer
● 流動モザイクモデル＝fluid mosaic
　model

　細胞は，**細胞膜**とよばれる膜に包まれています（図1-2，3）※1．
細胞膜は，主に脂質（リン脂質，コレステロール※2，糖脂質※3）とタ
ンパク質からなります．**リン脂質**による2層構造（脂質二重膜）にい
ろいろなタンパク質が埋め込まれて点在し（モザイク状），それらが
リン脂質の膜とともに流動的に動いている構造となっています．この
構造を**流動モザイクモデル**といいます．

生物の階層

　個体レベルより大きな生物の階層として，同種の個
体が集まったものは個体群（population），複数種の個
体が集まったものは群集（community），群集に非生
物的な環境（岩石や大気などの無機的な要素）が加わっ
たものは生態系（ecosystem）とよばれます．医療にか
かわる学問では，人間集団の健康を守ることを考える
公衆衛生学などで生態系レベルの内容も扱います．

COLUMNS

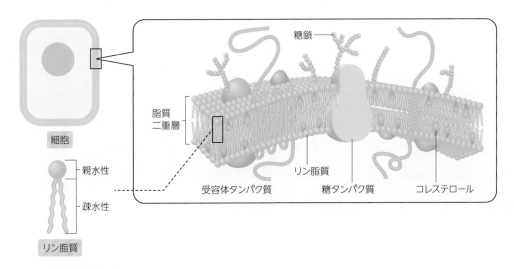

図1-3 生体膜の基本構造
細胞膜などの生体膜は二層のリン脂質にタンパク質が組込まれた構造が基本となります．リン脂質は親水性部分を外側に，疎水性部分を内側に向けています．参考文献3をもとに作成．

細胞膜にあるリン脂質分子は，極性の大きい親水性部分が外側，極性の小さい疎水性部分が内側になり，疎水性部分が向かい合った形で二重の層を形成しています（図1-3）※4．

※4 両親媒性：リン脂質は親水性と疎水性の両方の性質をもつことから両親媒性分子とよばれます．

▶ 細胞膜の機能

小さな疎水性分子（酸素や二酸化炭素など）や脂肪酸，ステロイドホルモンなどの脂溶性物質は**拡散**●によって細胞膜を容易に通り抜けることができます．

● 拡散＝単純拡散：simple diffusion

一方，イオン（H^+，Na^+，K^+など）や親水性の分子（グルコース，アミノ酸など）は二層にわたって続いている細胞膜の疎水性の部分を通り抜けることが難しいため，細胞への出入りが制限されています．このように細胞膜が限られた分子のみを通過させる性質を**選択的透過性**といいます．

そのままでは細胞膜を通過することのできない分子の細胞内外の移動には，細胞膜を貫通しているタンパク質がかかわっています（図1-3，4）．物質の出入りにかかわるタンパク質はまとめて**膜輸送体**●とよばれ，**チャネル**●，**担体**●，**ポンプ**●などがあります（図1-4）．

● 膜輸送体＝膜輸送タンパク質：membrane transport protein
● チャネル＝チャネルタンパク質：channel protein
● 担体＝輸送担体，キャリア：carrier protein
● ポンプ＝イオンポンプ：ion pump

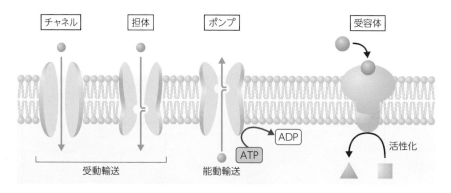

図1-4　細胞膜にあるタンパク質による物質の出入りと情報伝達

膜輸送体による物質の出入りと受容体による情報伝達の基本パターンを示しました．チャネルと担体によって，物質は濃度の高い側から低い側へ移動します（受動輸送）．チャネルは主にイオンを透過させます．担体は糖やアミノ酸などの特定の物質と結合すると変形し，物質を膜の反対側へ運びます．チャネルや担体を介した受動輸送は促進拡散ともよばれます．ポンプは，特定の物質と結合するとエネルギー（ATPなど）を利用して変形し，物質を濃度が低い側から高い側へ移動させます（能動輸送）．受容体は特定の物質と結合することで変形し，細胞内の物質を活性化して情報を伝えます．参考文献4，5をもとに作成．

- ●受動輸送＝ passive transport
- ●細胞内外の電位差　→4章1-3
- ●ナトリウムチャネル＝ナトリウムイオンチャネル，Na⁺チャネル　→4章1-3
- ●カリウムチャネル＝カリウムイオンチャネル，K⁺チャネル　→4章1-3
- ●カルシウムチャネル＝カルシウムイオンチャネル，Ca²⁺チャネル　→4章1-3

※5　極性分子：分子内に電荷の偏りのある分子，脂に溶けにくい．

- ●ATP　→2章2-1
- ●能動輸送＝ active transport

●チャネル

チャネルは，ゲート（門）をもった通路になっており，主に特定のイオンなどを選択的に透過させる機能があります．物質は濃度の高い側から低い側へ細胞膜を通して移動します．このような濃度の差を利用した輸送を**受動輸送**といいます．細胞膜の電気的な性質（細胞膜内外の電位差）もイオンの移動に影響を及ぼします．

代表的なチャネルには，ナトリウムチャネル，カリウムチャネル，カルシウムチャネル，水チャネル（アクアポリン）などがあります．例えば，カリウムチャネルは，ほぼカリウムイオンのみを選択的に透過させることができます．

●担体

担体は，主に糖やアミノ酸などの小さな極性分子※5を濃度の高い側から低い側へ運びます（受動輸送）．担体は特定の物質と結合すると構造が変化して，膜の反対側に物質を輸送します．代表的なものにグルコース輸送体（グルコーストランスポーター）などがあります．

●ポンプ

ポンプは，ATPなどのエネルギーを使って物質を濃度の低い側から高い側へ移動させます．このようにエネルギーを使って濃度に逆らって物質を輸送することを**能動輸送**といいます．ポンプは特定の物質が結合するとATPなどのエネルギーを利用して，物質を膜の反対

側へ運びます．代表的なものには，ナトリウムポンプ®，プロトンポンプ®，カルシウムポンプ®などがあります．

● 受容体

物質による細胞内への情報伝達には**受容体**®とよばれるタンパク質（受容体タンパク質）がかかわっています（図1-4）．各種の受容体は，**リガンド**®（シグナル分子，一次メッセンジャー）などとよばれる特定のホルモン®や神経伝達物質®などと選択的（特異的）に結合します．特定の物質が結合すると，受容体の構造が変化して，情報が細胞内へと伝わります．このように細胞外の情報を受けとって細胞内に伝える情報伝達は**シグナル伝達**とよばれます[6]．

▶ 細胞内の構造

細胞の中には，細胞骨格や細胞小器官とそれらの間を満たす細胞質基質が含まれています（図1-2）[7]．

細胞骨格[8]は線維状のタンパク質（細胞骨格タンパク質）からなり，細胞の形の保持，細胞内の物質移動，細胞分裂などにかかわっています．

細胞小器官®は特定の機能をもつ細胞内構造のことをいいます．

細胞質基質®は，細胞内の間を埋める液状（ゲル状）の部分をいい，タンパク質（酵素なども含む），アミノ酸，グルコースなど，代謝に必要なさまざまな物質を含んでいます[9]．

3. 細胞内での役割分担

細胞小器官の構造と機能について，代表的なものを簡単に紹介していきます．

▶ 核

核®は，一般的には細胞に1つずつ存在しますが，骨格筋の筋細胞（筋線維）のような複数の核をもつ細胞（多核細胞）や赤血球のような核をもたない細胞（無核細胞）もあります．

核は球状の構造をしており，二重の**核膜**（内膜と外膜）に包まれています．二枚の核膜はところどころで融合して**核膜孔**とよばれる構造を形成し，物質はそこから出入りします（図1-5）．核膜の内側には

- ナトリウムポンプ＝ナトリウム-カリウムポンプ，Na⁺-K⁺ポンプ，Na⁺-K⁺ ATPase
- プロトンポンプ＝水素イオンポンプ，H⁺ポンプ
- カルシウムポンプ＝カルシウムイオンポンプ，Ca²⁺ポンプ
- 受容体　→4章1-1

- リガンド＝ligand
- ホルモン　→4章4
- 神経伝達物質　→4章1-5
- ※6　セカンドメッセンジャー：細胞外からの情報が伝わると細胞内につくられるセカンドメッセンジャー（二次メッセンジャー）とよばれるシグナル分子もあります．サイクリックAMP（cAMP）など．

- ※7　原形質（protoplasm）：細胞膜の内側の部分は原形質ともよばれます．
- ※8　細胞骨格（cytoskelton）：細胞骨格タンパク質にはいろいろな種類があります．アクチンフィラメントは細胞の運動や筋肉の収縮（4章2-3）に関与します．中間径フィラメントは細胞の強度を保つ機能をもちます．微小管は細胞内の内部構造の維持にかかわり，物質輸送の線路の役割を果たしています．
- 細胞小器官＝オルガネラ：organelle
- 細胞質基質＝cytoplasmic matrix，細胞質ゾル，サイトゾル，サイトソル：cytosol
- ※9　酵素と代謝：酵素（enzyme）は触媒として働き（生体触媒），体内の化学反応（代謝）を進めています．触媒自身は変化せずに化学反応の速度を変化させますが，タンパク質でできている酵素は熱やpHの影響によって変化（変性）した場合には触媒としての働きが失われます（失活）．また，酵素が機能を発揮するために必要な物質は捕因子（cofactor）とよばれ，ビタミンB₁などの補酵素（コエンザイム：coenzyme），カルシウムなどのミネラルが含まれます．
- 核＝nucleus

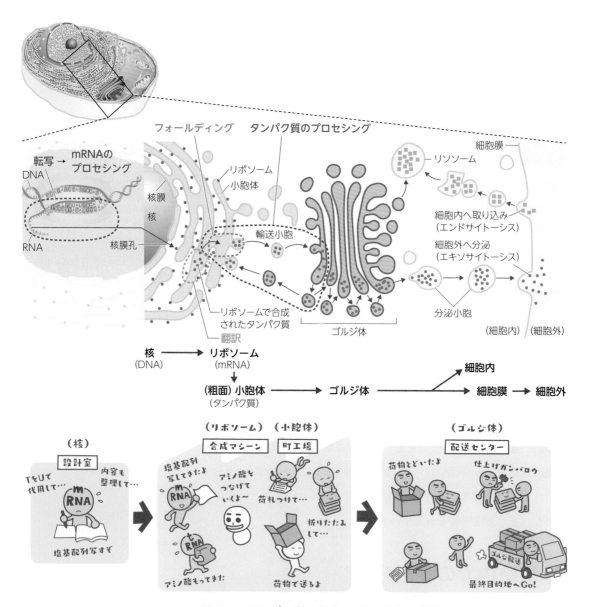

フォールディング　**タンパク質のプロセシング**

転写→ **mRNAの** プロセシング
DNA

リボソーム
小胞体

核膜
核

RNA

核膜孔

リソソーム
細胞膜

細胞内へ取り込み（エンドサイトーシス）

細胞外へ分泌（エキソサイトーシス）

輸送小胞

リボソームで合成されたタンパク質

翻訳

ゴルジ体

分泌小胞

（細胞内）（細胞外）

核 ⟶ リボソーム
(DNA)　　(mRNA)

（粗面）小胞体 ⟶ ゴルジ体 ⟶ 細胞内／細胞膜 ⟶ 細胞外
（タンパク質）

（核）　　　（リボソーム）（小胞体）　　　　　　（ゴルジ体）

設計室　　　合成マシーン　町工場　　　　　配送センター

図 1-5　タンパク質の合成，加工・修飾，輸送
核内の染色質に含まれる DNA の遺伝情報は，mRNA に写しとられます（転写）．mRNA は核膜孔を通ってリボソームへ移動し，その情報をもとにタンパク質が合成されます（翻訳）．タンパク質はリボソームと接着している小胞体（粗面小胞体）の中へ入った後，ゴルジ体へ移動します．小胞体やゴルジ体ではタンパク質が独自の機能を果たすために必要な加工（プロセシング，修飾）を受けます．ゴルジ体で機能的なタンパク質となった後，細胞内外の目的地へ輸送されます．参考文献 2, 6 をもとに作成．

● 染色質＝クロマチン：chromatin
● 核小体＝ nucleolus
● DNA　→本項4
● ヒストン＝ histone
● 細胞分裂　→1章2-2
● 染色体＝ chromosome

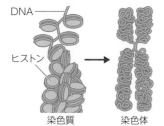

DNA
ヒストン
染色質　　染色体

染色質といくつかの**核小体**があります．

　染色質は，二本鎖の **DNA** が**ヒストン**とよばれるタンパク質と結合した糸状の物質です．この染色質は細胞分裂のときには集まって棒状になり，**染色体**とよばれます．

核小体は，タンパク質とRNA[*]からなり，rRNA（リボソーム
RNA）[*]の合成とリボソームの組み立てを行います.

● RNA, rRNA →本項4

▶ リボソーム

リボソーム[*]（図1-2, 5）は球状の構造からなり，タンパク質（リ
ボソームタンパク質）とrRNAの複合体2つ（それぞれが**サブユニッ
ト**とよばれます）からなり，雪だるまのような形をしています.

リボソームには，細胞質中に遊離している遊離型リボソームと小胞
体に付着している膜結合型リボソームがあります.

核のDNAに存在する遺伝情報はmRNA（メッセンジャーRNA）[*]
に写しとられます（転写[*]）. mRNAは核膜孔から出た後，リボソー
ムでタンパク質合成に利用されます（翻訳[*]）. 遺伝情報がDNA→
RNA→タンパク質へと一方向的に伝わる流れは生命科学の**セントラ
ルドグマ**[*]とよばれ，分子生物学の基本原則として知られています.

● リボソーム = ribosome

● mRNA →本項4
● 転写, 翻訳 →本項5
● セントラルドグマ = central dogma, 中心命題

▶ 小胞体

小胞体[*]は袋状や管状の構造からなり，多くの場合これらがつながっ
て網状の構造を形成しています（図1-2, 5）. 一部は核膜の外膜とつ
ながっています.

表面にリボソームが付着しているものは**粗面小胞体**[*]とよばれ，主
にタンパク質合成にかかわります. 表面にリボソームが付着していな
いものは**滑面小胞体**[*]とよばれ，脂質代謝，ステロイドホルモン[*]の合
成などにかかわります.

● 小胞体 = endoplasmic reticulum：ER
● 粗面小胞体 = rough endoplasmic reticulum：rER
● 滑面小胞体 = smooth endoplasmic reticulum：sER

▶ ゴルジ体

ゴルジ体[*]は，膜状の構造の集まりです（図1-2, 5）. 粗面小胞体
から送られてきたタンパク質の加工・修飾や濃縮などを行い，細胞内
外へ送り出す場となります. いわば，タンパク質の配送センターとし
て機能しており，細胞外や他の細胞小器官への輸送の中心となってい
ます.

タンパク質が細胞外へ分泌される場合は，分泌小胞・分泌顆粒とし
て運ばれ，細胞膜に融合することによって外に出されます（**エキソサ
イトーシス**[*]，図1-6）.

● ステロイドホルモン →4章4-1
● ゴルジ体 = Golgi body，ゴルジ装置
● エキソサイトーシス = exocytosis，開口分泌

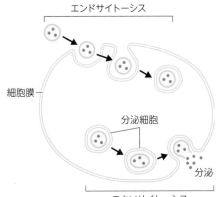

図1-6 サイトーシス

サイトーシス（cytosis）は膜動輸送ともよばれるタンパク質の輸送方法で，生体膜の融合を伴います．細胞外への輸送はエキソサイトーシス，細胞内への輸送はエンドサイトーシス（飲食作用）とよばれます．「exo」は「外」，「endo」は「内」を意味します．エンドサイトーシスは，形成されるエンドサイトーシス小胞の大きさによって，小型の小胞が液体や分子を取り込む飲作用と，大型の小胞（食胞）が微生物や細胞の破片などを取り込む食作用に分けられます．

▶リソソーム

● リソソーム＝ lysosome，ライソゾーム

リソソームは，細胞質中にある球状の構造です（図1-2，5）．糖類，脂質，タンパク質，核酸などに対する一群の消化酵素（リソソーム酵素）をもちます．細胞外の物質を細胞内に取り込む**エンドサイトーシス**などにより細胞内へ取り込まれた病原体などの異物の消化や，細胞内の不要になった細胞小器官などの物質の消化（**オートファジー，自食作用**）にかかわっています．

▶ミトコンドリア

● ミトコンドリア＝ mitochondrion（単数形），mitochondria（複数形）

※10 ミトコンドリアDNA（mtDNA）：ミトコンドリアDNAは環状の二本鎖の構造をしており，母方からのみ遺伝（母性遺伝）することが知られています．

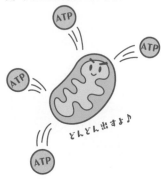

ミトコンドリアは，二重の膜（内膜と外膜）に包まれた構造をしています（図1-2）．核にあるものとは異なる独自のDNA（ミトコンドリアDNA※10）をもっています．

ミトコンドリアは**ATP**の産生に特化した構造をもち，つくられたATPは細胞の活動のエネルギー源として筋収縮や能動輸送（図1-4）の際などに使われます．ミトコンドリアは肝臓や筋肉など，活発に活動する器官・組織の細胞に多くみられます．

4. DNAとRNAの違い

ここまで細胞小器官の構造と機能についてみてきました．このように細胞の核内にあるDNAの情報からタンパク質を合成して細胞の外に運ぶまでには，さまざまな細胞小器官が協調して働いています（図1-5）．この一連の流れをより深く理解するために，タンパク質の合成に必要な核酸（DNAとRNA）の構造をみていきましょう．

表1-1 ヌクレオチドの構成成分

		DNA		RNA	
塩基	プリン塩基 プリン	アデニン	グアニン	アデニン	グアニン
	ピリミジン塩基 ピリミジン	チミン	シトシン	ウラシル	シトシン
糖〔ペントース（五炭糖）〕		2-デオキシ-D-リボース	酵素がなくなっているね	D-リボース	
リン酸		リン酸			

核酸の基本単位であるヌクレオチドは，塩基，糖，リン酸から構成されています．DNAとRNAでは，塩基と糖の種類が異なっています．プリン塩基とピリミジン塩基：アデニンとグアニンはプリン（purine）という構造を含むため，プリン塩基とよばれます．一方，チミンとシトシンとウラシルはピリミジン（pyrimidine）という構造を含むため，ピリミジン塩基とよばれます．

▶核酸とは

DNA*とRNA*はまとめて**核酸***とよばれ，**ヌクレオチド***とよばれる基本単位がつながった構造をしています．ヌクレオチドは，塩基，糖，リン酸から構成されています（表1-1，図1-7）．

●塩基

DNAの主な塩基は，**アデニン***（A），**グアニン***（G），**チミン***（T），**シトシン***（C）の4種類（A，G，T，C）です．RNAの主な塩基は，アデニン，グアニン，**ウラシル***（U），シトシンの4種類（A，G，U，C）です．チミン（T）はDNA，ウラシル（U）はRNAに含まれています（表1-1）．

● DNA＝デオキシリボ核酸：deoxyribo-nucleic acid
● RNA＝リボ核酸：ribonucleic acid
● 核酸＝ nucleic acid
● ヌクレオチド＝ nucleotide

ヌクレオチド

● アデニン＝ adenine
● グアニン＝ guanine
● チミン＝ thymine
● シトシン＝ cytosine
● ウラシル＝ uracil

TとUが違うね

DNAの塩基 **AGCT**
RNAの塩基 **AGCU**

A) ヌクレオチド

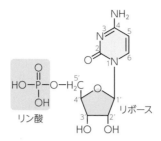

アデノシン 5′−一リン酸 (AMP)　　　**シチジン 5′−一リン酸 (CMP)**

リン酸　リボース　　　　　　　リン酸　リボース

B) ヌクレオシド

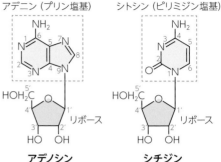

アデニン (プリン塩基)　　　シトシン (ピリミジン塩基)

リボース　　　　　　　リボース

アデノシン　　　**シチジン**

図1-7　ヌクレオチドとヌクレオシドの例

ヌクレオチドからリン酸を除いた構造（塩基と糖）をヌクレオシド（nucleoside）とよびます．ヌクレオシドの糖の5′（プライム）の位置にリン酸が結合するとヌクレオチドとなりますが，リン酸の数によって名前は変化します．例えば，エネルギーとして使われるアデノシン三リン酸（ATP）は，アデニン（A）とリボースから成るヌクレオシドであるアデノシン（adenosine）に3つ（tri, トリ）のリン酸（P）が結合した物質です．リン酸の数が1つ（mono, モノ）の場合はアデノシン一リン酸（AMP），リン酸の数が2つ（di, ジ）の場合はアデノシン二リン酸（ADP）とよばれます．転写の際にATPが材料となる場合は，リン酸が2つとれてAMPの形で利用されます．ヌクレオチド（またはヌクレオシド）の場合，塩基の窒素原子（N）と糖の炭素原子（C）の番号を区別するため，糖の炭素の番号に「′（プライム）」をつけています．

数字を区別するために糖の原子には ⑨ が付いているね

● **糖**

　DNAの糖は**2-デオキシ-D-リボース**[*]，RNAの糖は**D-リボース**[*]となっています（**表1-1**）．2-デオキシ-D-リボースとD-リボースの違いについてみてみましょう．化学の分野では炭素や窒素などの原子に番号をつけて，位置を区別することがあります[※11]．2-デオキシ-D-リボースの「2」は2番目，「デ（de）」は離れること，「オキシ（oxy）」は酸素（oxygen）を意味しています．つまり，2-デオキシ-D-リボースは，D-リボースの2番目の炭素原子と結合しているヒドロキシ基（−OH，水酸基）から酸素原子がとれている構造をしています（**表1-1**）．

● **リン酸**

　リン酸はヌクレオチド中の糖の5′[※12]の炭素と結合（エステル結合）しています（**図1-7**）．リン酸はヌクレオチド同士の結合にもかかわっています．DNAとRNAは，一方のヌクレオチドのリン酸ともう一方のヌクレオチド中の糖の3′の炭素とでヌクレオチド同士がエステル結合して，たくさんつながった一本鎖の構造となっています．つまり，ヌクレオチド同士はリン酸を中心とした2つのエステル結合〔**リン酸ジエステル結合（ホスホジエステル結合）**といいます〕で強力に連結していることになります．

● 2-デオキシ-D-リボース = 2-Deoxy-D-ribose
● D-リボース = D-ribose

※11　リボースの番号：リボースはもともと鎖状の構造ですが，水中では末端同士が化学反応（脱水縮合）して表1-1のような環状構造となる場合があります．リボースなどのアルデヒド基（−CHO）をもつ糖（アルドース）では，アルデヒド基が結合している炭素を1番として，順番に番号をつけけます．

2-デオキシ-D-リボース　　　D-リボース

$$
\begin{array}{cc}
\text{H}-\overset{1}{\text{C}}\!\!=\!\!\text{O} & \text{H}-\overset{1}{\text{C}}\!\!=\!\!\text{O} \\
\text{H}-\overset{2}{\text{C}}-\text{H} & \text{H}-\overset{2}{\text{C}}-\text{OH} \\
\text{H}-\overset{3}{\text{C}}-\text{OH} & \text{H}-\overset{3}{\text{C}}-\text{OH} \\
\text{H}-\overset{4}{\text{C}}-\text{OH} & \text{H}-\overset{4}{\text{C}}-\text{OH} \\
\overset{5}{\text{C}}\text{H}_2\text{OH} & \overset{5}{\text{C}}\text{H}_2\text{OH}
\end{array}
$$

※12　5′（5プライム）：日本では「′」は慣用的にダッシュとよばれることもあります．

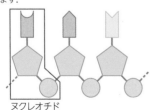

ヌクレオチド

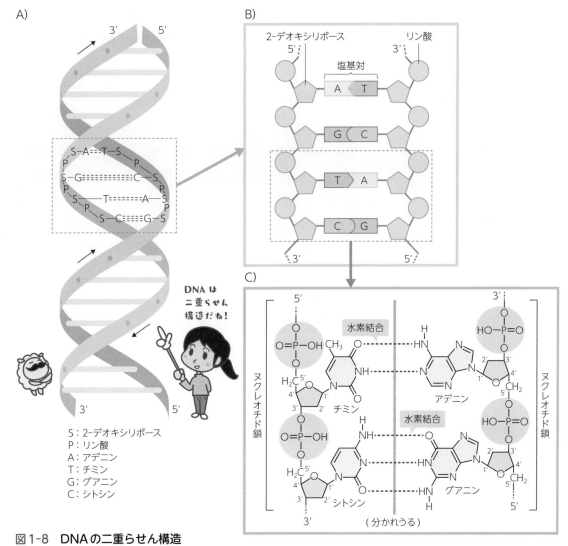

A)

3′　5′

S–A–T–S–P
P
S–G═══C–S
P
S–T═══A–S
P
S–C═══G–S

3′　5′

S：2-デオキシリボース
P：リン酸
A：アデニン
T：チミン
G：グアニン
C：シトシン

DNA は
二重らせん
構造だね！

B)

2-デオキシリボース　　リン酸

5′　　　　　3′

塩基対

A　T

G　C

T　A

C　G

3′　　　　　5′

C)

5′　　　　　　　　3′

水素結合

チミン　　アデニン

水素結合

シトシン　　グアニン

ヌクレオチド鎖　　　　　　　ヌクレオチド鎖

3′　　（分かれうる）　　5′

図1-8　DNAの二重らせん構造
DNAは，2本の一本鎖が対となって二重らせん構造になっています．この二重らせん構造の形成には，塩基間の水素結合がかかわっています．アデニンとチミンの間には2つの水素結合，グアニンとシトシン間には3つの水素結合がみられます．

▶DNAの二重らせん構造

　DNAは，2本の一本鎖が対（ペア）になっている**二重らせん構造**を形成して核内に存在しています（二本鎖DNA，**図1-8A**）．この二重らせん構造に大きくかかわるのが，塩基間の**水素結合**[※13]です．二本鎖DNAの塩基は，アデニンとチミン間で2つの水素結合，グアニンとシトシン間で3つの水素結合を形成しています（**図1-8B, C**）．これらの構造は**塩基対**とよばれており，片方のDNA鎖の塩基がわかればもう片方のペアとなるDNA鎖の塩基もわかります．そのため，塩基対を形成する塩基同士は**相補的**であるといわれます．AとT，GとCが

● 二重らせん構造＝double helix structure

※13　水素結合（hydrogen bond）：電気陰性度の小さい水素原子（H）と電気陰性度が大きいフッ素（F），酸素（O），窒素（N）などの原子間にみられるつながり．

● 塩基対＝base pair

A　T

G　C

ペアは
決まっている！

23

ペアとなって結合するので，例えば片方のDNA鎖の塩基が「ATGCAG」の場合はもう片方のDNA鎖の塩基は相補的な「TACGTC」となります．

▶RNAの種類

RNAには，核でDNAから転写されてつくられ，リボソームでタンパク質の合成に使われるmRNA，リボソームを構成しているrRNA，タンパク質を合成する際に特定のアミノ酸をリボソームに運ぶtRNA（トランスファーRNA）などがあります．これらの一本鎖のRNAは，それぞれの機能を発揮するためにそれぞれに異なった立体構造をもっています．これらのRNAのタンパク質合成における機能については次項で紹介します．

● tRNA＝transfer RNA，運搬RNA

5. タンパク質ができるまで

● 遺伝子発現＝gene expression
● 転写＝transcription
● RNAポリメラーゼ＝RNA polymerase
● プロモーター＝promoter

DNAのもつ遺伝情報が，機能をもったタンパク質などとして実際にあらわれることを**遺伝子発現**とよびます．核酸の構造について理解したところで，次は遺伝子発現の流れ，つまり図1-5で示したタンパク質の合成（転写，翻訳），加工・修飾，輸送についてより詳しくみていきます．

▶転写

タンパク質の合成では，はじめにDNAのもつ遺伝情報に基づいてmRNAが合成される**転写**が起こります．

転写は，**RNAポリメラーゼ**とよばれる酵素がDNAのプロモーター配列とよばれる領域に結合して，DNAの二本鎖がほどけていくことからはじまります．そして，一方のDNA鎖（アンチセンス鎖，鋳型鎖）をもとに相補的なRNA鎖が合成されていきます．合成されるRNA（転写産物，未熟なmRNA，pre mRNA）の塩基配列は，チミン（T）がウラシル（U）に変化しますが，それ以外の塩基配列はもう片方のDNA鎖（センス鎖）と同じ配列になります（図1-9）※14．RNA鎖の合成は5′→3′の方向にのみ行われます（図1-9）．mRNAの材料には，ヌクレオシド三リン酸（ATP，GTP，UTP，CTP）が利用され，リン酸が2つとれて先にできているRNA鎖に結合していきます．転写が終わると，RNAポリメラーゼとRNA鎖はDNA鎖から

必要な部分だけコピーしよう！

※14 アンチセンス鎖（鋳型鎖）とセンス鎖：鋳型（いがた）とは，一般的には金属を決まった形に固めるときに使用する型，つまり写しとる元の型のことをいいます．DNAのセンス鎖の情報を写しとるときには，反対側のアンチセンス鎖が鋳型となります．センス鎖のセンス（sense）は「意味をもつ」ということで，アンチセンス鎖はその反対（アンチ，anti）ということになります．

型を使ってコピーを作る！

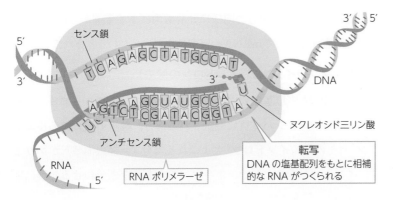

図1-9 転写
RNAポリメラーゼの作用により，DNAの塩基配列に基づいてRNAが合成されていきます（転写）．DNAではアデニン（A）と相補的な塩基はチミン（T）ですが（図1-7），RNAではチミン（T）はウラシル（U）で代用されます．参考文献2をもとに作成．

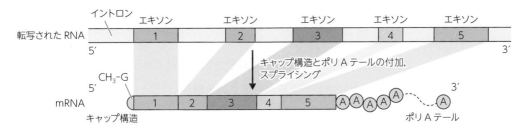

図1-10 mRNAのプロセシング
転写された未熟なmRNAには，キャップ構造とポリAテールが結合し，イントロン部分が取り除かれるスプライシングを受けます．

離れていきます．

● **プロセシング**

転写された未熟なmRNAはそのままでは機能せず，核内で**プロセシング**を受けてタンパク質の合成に使われる成熟したmRNA（成熟mRNA）となります．mRNAのプロセシングには，次の4つの段階があります．

● プロセシング＝processing，加工

① 5′キャップ構造の付加

未熟なmRNAの5′末端に**キャップ構造**が形成されます（図1-10）．この構造は分解酵素による末端からのmRNA分解を阻害して，mRNAを安定化する役割をもちます．キャップ構造はmRNAがリボソームと結合する際にも必要となります．

● キャップ構造＝cap structure

② 3′ポリAテールの付加

未熟なmRNAの3′末端に**ポリAテール**が結合します（図1-10）．

● ポリAテール＝poly A（adenine）tail，ポリA鎖

この構造もキャップ構造と同様に分解酵素による末端からのmRNA分解を阻害することでmRNAの安定性などにかかわるとされています.

③ RNAスプライシング（イントロンの除去）

DNA，RNAの塩基配列には，タンパク質の材料であるアミノ酸を指定する部分（タンパク質に翻訳される部分，翻訳領域）である**エキソン**とその他の**イントロン**とよばれる部分（非翻訳領域）があります．イントロンを取り除き，エキソンのみをつなぎ合わせる処理は**スプライシング**とよばれます（図1-10）[※15].

④ 細胞質への移行

プロセシングを受けた成熟mRNAは，核内から核膜孔を通って核外に運び出されます（図1-5）.

▶翻訳

mRNAのプロセシングに引き続き，核外へ出たmRNAの遺伝情報をもとにタンパク質が合成される**翻訳**が起こります．翻訳は，成熟mRNAがリボソームと結合することからはじまります.

● mRNAとtRNA

翻訳の流れの紹介の前に，翻訳に使われるmRNAとtRNAについて説明します.

成熟mRNAの塩基配列は連続した3個のヌクレオチド（トリプレット）で1種類のアミノ酸を指定しています．その連続した3個で1組の塩基配列を**コドン**とよびます（表1-2）．タンパク質の材料となるアミノ酸は20種類ですが，塩基（A，U，G，C）は4種類しかありません．しかし，4種類の塩基だけでも，連続した3個ずつのグループであれば4×4×4＝64種類の組合わせとなり，十分な数となります.

tRNAはコドンに相補的な3連続の塩基配列をもっていて，その塩基配列を**アンチコドン**とよびます．DNAの二重らせん構造と同じように，相補的な塩基間には水素結合ができるため，tRNAはアンチコドンの部分でmRNAのコドンと水素結合でつながることができます（図1-11）．tRNAには特定のアミノ酸とエステル結合する部分もあり，アミノアシルtRNA合成酵素という酵素によってアミノ酸が結合します．tRNAはタンパク質の合成に必要なコドンで指定されているアミノ酸を運んでくる役割を果たします（図1-11）.

チョキチョキ

● エキソン＝ exon，発現配列
● イントロン＝ intron，介在配列
● スプライシング＝ splicing

※15 選択的スプライシング：スプライシングにはさまざまな方法があり，その違いによって取り除かれる部分が異なると，つくられるタンパク質の種類も異なります．これを選択的スプライシングとよび，同じ遺伝情報から異なる数種類のタンパク質がつくられることがあります.

● 翻訳＝ translation

これをこうして……

● トリプレット＝ triplet
● コドン＝ codon

● アンチコドン＝ anticodon

表1-2　mRNAのコドン

	2番目の塩基				
	U	C	A	G	
U	UUU ⎫ UUC ⎭フェニルアラニン UUA ⎫ UUG ⎭ロイシン	UCU ⎫ UCC ⎪ UCA ⎬セリン UCG ⎭	UAU ⎫ UAC ⎭チロシン UAA ⎫ UAG ⎭終止コドン	UGU ⎫ UGC ⎭システイン UGA　終止コドン UGG　トリプトファン	U C A G
C	CUU ⎫ CUC ⎪ CUA ⎬ロイシン CUG ⎭	CCU ⎫ CCC ⎪ CCA ⎬プロリン CCG ⎭	CAU ⎫ CAC ⎭ヒスチジン CAA ⎫ CAG ⎭グルタミン	CGU ⎫ CGC ⎪ CGA ⎬アルギニン CGG ⎭	U C A G
A	AUU ⎫ AUC ⎬イソロイシン AUA ⎭ AUG　メチオニン（開始コドン）	ACU ⎫ ACC ⎪ ACA ⎬トレオニン ACG ⎭	AAU ⎫ AAC ⎭アスパラギン AAA ⎫ AAG ⎭リシン	AGU ⎫ AGC ⎭セリン AGA ⎫ AGG ⎭アルギニン	U C A G
G	GUU ⎫ GUC ⎪ GUA ⎬バリン GUG ⎭	GCU ⎫ GCC ⎪ GCA ⎬アラニン GCG ⎭	GAU ⎫ GAC ⎭アスパラギン酸 GAA ⎫ GAG ⎭グルタミン酸	GGU ⎫ GGC ⎪ GGA ⎬グリシン GGG ⎭	U C A G

（左：1番目の塩基（5′側）／右：3番目の塩基（3′側））

成熟mRNAの塩基配列は連続した3個のヌクレオチドで1種類のアミノ酸を指定しています．その連続した3個で1組の塩基配列を
コドンとよびます．参考文献2をもとに作成．

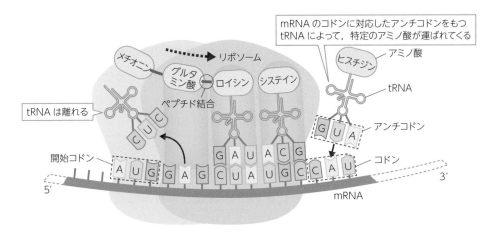

図1-11　翻訳

リボソーム上で，mRNAの情報をもとにタンパク質（ペプチド鎖）が合成されます．tRNAは，それぞれのコ
ドンの指定するアミノ酸を運んできます．tRNAは，mRNAのコドンと水素結合する相補的な3連続の塩基であ
るアンチコドンをもちます．参考文献2, 7をもとに作成．

● 翻訳の流れ

　それでは，翻訳の流れについて紹介していきましょう（図1-11）．
mRNAの翻訳が開始される領域にはメチオニンというアミノ酸を指
定するコドンがあり，**開始コドン**[●]とよばれます（開始コドンの塩基
配列＝AUG）．そのため，はじめにメチオニンと結合しているtRNA

●開始コドン＝ initiation codon

※16 メチオニン除去：タンパク質合成では最初のアミノ酸にはメチオニンが指定されますが，多くの場合，ペプチド鎖の伸長過程で取り除かれます．

※17 ペプチド（peptide）：タンパク質はアミノ酸がペプチド結合によってたくさん結合した構造ですが，アミノ酸の数があまり多くない場合にはペプチドとよばれます．例えば，シグナルペプチド（後述）は，疎水性アミノ酸を主とした20個程度のアミノ酸からなります．

（開始tRNA）がリボソーム上のmRNAと結合します※16．その後，2番目のコドンに対応したアンチコドンをもつtRNAによって，2番目のコドンの示すアミノ酸が運ばれてきます．運ばれてきたアミノ酸と前からあるペプチド鎖はペプチド結合によりつながり，役目をおえたtRNAは離れていきます．このような流れでアミノ酸同士が結合していき，ペプチド鎖が伸びていきます（ペプチド鎖の伸長）※17．

ペプチド鎖の合成は，**終止コドン**が終了の合図となります（終止コドンの塩基配列＝UAA，UAG，UGAの3種）．終止コドンは，コドンのなかでも例外的にアミノ酸を指定していない塩基配列です．終止コドンまで翻訳が進むと，ペプチド鎖はリボソームから離れていきます．リボソームもmRNAから離れ，翻訳が終了します．

● タンパク質の翻訳後修飾と輸送

mRNAと同様に，翻訳されたタンパク質（ペプチド鎖）はそのままでは機能しません．折りたたまれ，必要な補助因子と結合し（糖鎖修飾，リン酸化など），他のタンパク質（サブユニット）と結合するなど，さまざまなプロセシング（加工，修飾）を受けてから実際に使われる目的地へと運ばれます（タンパク質の選別輸送）．

合成されたタンパク質は，アミノ酸配列に行き先を示す**シグナルペプチド**をもつものがあり，その情報によってそれぞれ必要とされる場所に運ばれます．

リボソームを離れて粗面小胞体へ入ったタンパク質は，多種類のタンパク質からなる**分子シャペロン**などの助けによって**フォールディング**とよばれる特定の立体構造への折りたたみが行われます（図1-5）．

小胞体でフォールディングなどのプロセシングを受けたタンパク質は，小胞体から切り離された小さな生体膜（**輸送小胞**）に包まれてゴルジ体へ移動します（図1-5）．ゴルジ体でのプロセシングを受けたタンパク質は，ゴルジ体から切り離された輸送小胞に包まれて細胞内外の目的地へ輸送されます（図1-5）．

ここまで，遺伝子の発現（タンパク質合成）について一連の流れを説明してきました．図1-5を中心に，細胞の基本構造や細胞小器官の機能とあわせて理解するように心がけてください．

練 習 問 題

ⓐ 細胞の基本構造 （→図1-2, 3）

❶ 細胞膜を構成する主要な成分を答えてください.

❷ 細胞膜の形態保持，細胞内の物質の移動にかかわるタンパク質の線維構造の総称を答えてください.

❸ 二本鎖DNAがヒストンと結合した糸状の物質の名称を答えてください.

❹ 細胞内へ取り込まれた病原体，細胞内の不要な物質の消化にかかわる細胞小器官の名称を答えてください.

ⓑ 核酸の構造 （→表1-1, 図1-8）

❶ DNAを構成する主な塩基を4種類答えてください.

❷ RNAを構成する主な塩基を4種類答えてください.

❸ DNAを構成する糖の名称を答えてください.

❹ RNAを構成する糖の名称を答えてください.

❺ DNAの二重らせん構造にみられる塩基間の化学結合の名称を答えてください.

ⓒ 遺伝情報の発現 （→図1-5, 9〜11）

❶ DNAの遺伝情報がmRNAに写しとられることを何とよぶか答えてください.

❷ ❶について，mRNAの合成方向を答えてください.

❸ mRNAのプロセシングについて，5′末端と3′末端に付加される構造をそれぞれ答えてください.

❹ ❸の構造が共通してもつ機能を答えてください.

❺ mRNAのプロセシングについて，イントロンを取り除き，エキソンのみがつながった状態に整理されることを何とよぶか答えてください.

❻ mRNAの遺伝情報からタンパク質が合成されることを何とよぶか答えてください.

❼ 成熟mRNAにおいて，アミノ酸の種類を指定する連続する3つの塩基で1組となっている塩基配列を何とよぶか答えてください.

❽ tRNAにおいて，❼と水素結合を形成する連続する3つの塩基で1組となっている塩基配列を何とよぶか答えてください.

❾ タンパク質のプロセシングについて，小胞体で分子シャペロンによって行われるタンパク質の立体構造の形成を何とよぶか答えてください.

ⓐ ❶ リン脂質

細胞膜はリン脂質を主要な成分とし，そこにタンパク質などが埋め込まれてできています．

❷ 細胞骨格

細胞は，細胞骨格によってその形が保たれています．

❸ 染色質（クロマチン）

DNAはヒストンと結合した染色質として核内に存在します．

❹ リソソーム

リソソームはさまざまな消化酵素を含み，オートファジーにもかかわります．

ⓑ ❶ アデニン，グアニン，チミン，シトシン（A，G，T，C）

❷ アデニン，グアニン，ウラシル，シトシン（A，G，U，C）

チミン（T）はDNA，ウラシル（U）はRNAにみられます．

❸ 2-デオキシ-D-リボース

❹ D-リボース

DNAを構成する糖は2-デオキシ-D-リボース，RNAを構成する糖はD-リボースです．

❺ 水素結合

DNAの塩基対間には水素結合が形成されています．

C ❶ 転写

❷ 5′→3′方向

❸ 5′末端：キャップ構造, 3′末端：ポリAテール

❹ mRNA分解の阻害

❺ スプライシング

❻ 翻訳

❼ コドン

❽ アンチコドン

❾ フォールディング

　タンパク質の合成，加工・修飾，輸送はたくさんの細胞小器官が協調して行われます（図1-5）．DNAの遺伝情報が転写されたRNAは，スプライシングなどのプロセシングを受けて成熟したmRNAとなり，リボソームへ移動します．リボソームではmRNAの遺伝情報が翻訳されてペプチド鎖（タンパク質）が合成されていきます．タンパク質は小胞体やゴルジ体でフォールディングなどのプロセシングを受けて立体構造が形成され，機能をもつようになります．

2. 遺伝情報の分配と発生・分化

学習の
ポイント!

● 細胞分裂と遺伝情報の分配について理解しよう

● 精子・卵の成熟と受精の一連の流れについて理解しよう

● 胚子の発達と組織・器官の分化について理解しよう

重要な用語

体細胞分裂

組織，器官を構成する体細胞の細胞分裂のこと．細胞分裂前後でゲノムの組数は変わらない〔核相は複相（$2n$）から複相（$2n$）となる〕．

減数分裂

卵や精子などをつくるときに行われる特殊な細胞分裂のこと．核に含まれるゲノムの組数が半分に減る〔核相が複相（$2n$）から単相（n）になる〕．2回の分裂が続けて行われる．

受精

1倍体〔単相（n）〕の生殖細胞である卵と精子が融合して，体細胞と同じ2倍体〔複相（$2n$）〕の受精卵となること．

胚子

受精後8週までの細胞の集まり．9週から誕生までは胎児とよばれる．

胚葉

胚子に含まれる分化中の細胞の集まり．外胚葉，中胚葉，内胚葉の3層（三胚葉）に分かれ，それぞれが特定の組織，器官へと分化する．

1. 1つの受精卵からからだができる

すべての生物のからだは細胞を基本的な単位としています（図1-1参照）．ヒトのからだは，**精子**°と卵が融合してできた**受精卵**°が**細胞分裂**°をくり返して増殖することで大人のからだになっていきます（**発生**°）．そのとき，細胞はさまざまな組織，器官※1の機能に特化した細胞へと変化していきます（**分化**°）．ここでは，発生と分化，つまり，精子と卵が形成され，受精卵からさまざまな組織や器官のもととなる細胞集団（**器官原基**°）が形成されていく一連の流れについて紹介します．

● 精子＝ sperm
● 受精卵＝ zygote，接合体，接合子
● 細胞分裂＝ cell division
● 発生＝ development
※1 器官：動物の器官は臓器ともよばれます．
● 分化＝ differentiation

● 器官原基＝ primordium

元はひとつの受精卵から発生していろんな種類の細胞に分化するんだね

2. 細胞はどうやって増えている？

▶ 染色体とゲノム

ヒトの組織，器官を構成する**体細胞**°では，細胞分裂のときには染色質°が凝縮した**46本**（23対）の**染色体**が観察されます．染色体は，父親の精子から1組（23本），母親の卵から1組（23本）を受け継いでいます．父親と母親由来の染色体は同質なものが対（ペア）となって2本セットで存在しており，このセットになっている染色体は**相同染色体**°とよばれます（図1-12）．

● 体細胞＝ somatic cell

● 染色質　→1章1-3

● 相同染色体＝ homologous chromosome，homolog

突然変異と遺伝性疾患

遺伝情報の変化は突然変異（mutation）とよばれ，DNA損傷などによる遺伝子突然変異（点突然変異：point mutation），染色体の数や構造の異常である染色体突然変異（染色体異常：chromosome aberration）に大別されます．

突然変異による遺伝性疾患の例として，鎌状赤血球貧血症（sickle cell anemia）やダウン症候群（Down syndrome）などがあります．鎌状赤血球貧血症では，

ヘモグロビンの遺伝子の1つの塩基が変化することで146個あるアミノ酸の1つが変化することが原因となり，赤血球の立体構造が崩れて柔軟性が失われることで破壊されやすくなります（遺伝子突然変異）．ダウン症候群では，減数分裂のときに分離がうまくいかないなどの原因で21番染色体が1対2本ではなく3本になることで，精神発達遅滞，成長障害などを引き起こします（染色体突然変異）．

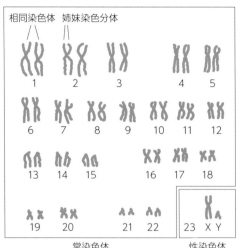

図1-12　46本の染色体

染色体は分裂期にみられ，23本が対になっています［23(n)×2→46(2n)］．1〜22番目の染色体は常染色体，23番目の染色体は性染色体とよばれます．それぞれの染色体は，複製された同じDNAをもつ姉妹染色分体が2本並んでつながった状態になっています．

1組の染色体には，生物のからだを構成するすべての遺伝情報が1組含まれています．この1組の遺伝情報は**ゲノム**とよばれます．通常，ヒトの体細胞には2組のゲノムが含まれていることになります（複相※2，図1-12）．

ヒトの23種類の染色体には1〜23番の番号がつけられています．1〜22番目の染色体は**常染色体**とよばれ，23番目の染色体の組合わせは性決定にかかわるため，**性染色体**とよばれます．性染色体にはXとYが存在し，男性の体細胞にはXY，女性の体細胞にはXXの組合わせで存在しています（図1-12）．

▶ 体細胞分裂

組織，器官を構成する体細胞の分裂を**体細胞分裂**とよびます．ヒトの体細胞分裂のように染色体などの糸状の構造がみられる細胞分裂は**有糸分裂**とよばれます．

細胞分裂には**細胞周期**とよばれる決まった順序で生じる周期的な一連の過程があります（図1-13，表1-3）．細胞周期には，**分裂期（M期）**と**間期**があります．間期はさらにG$_1$期，S期，G$_2$期に分けられます．染色体の分配（有糸分裂）と細胞が2つに分かれる細胞質分裂がみられるのがM期，DNAの**合成・複製**が行われるのがS期，M期の終わりとS期のはじまりまでにある1つ目の間（gap）がG$_1$期，S期の終わりとM期のはじまりまでにある2つ目の間がG$_2$期になります（図1-13，表1-3）．

- ゲノム＝genome
- ※2　複相（2倍体，diploid，2n）：ゲノムの1組を「n」と表します．

- 体細胞分裂＝somatic cell division
- 有糸分裂＝mitosis

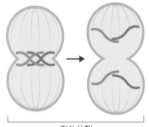

有糸分裂

- 細胞周期＝cell cycle
- 分裂期＝mitosis phase
- 間期＝interphase
- G$_1$期＝gap1 phase，DNA合成準備期
- S期＝synthesis phase，DNA合成期
- G$_2$期＝gap2 phase，分裂準備期
- 細胞質分裂＝cytokinesis

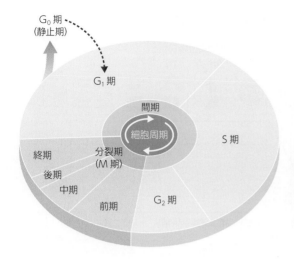

図1-13　細胞周期

細胞周期はM期→G₁期→S期→G₂期→M期の順番でくり返されています．細胞分裂せずにG₁期に留まっている時期を特にG₀期とよび，分化，老化，細胞死などにかかわるとされています．M期を細かく4つ（前期・中期・後期・終期）に分ける場合もあります．参考文献8をもとに作成．

表1-3　細胞周期の名称

分裂期	M期	有糸分裂（<u>m</u>itosis）が行われる時期
間期	G₁期	<u>1</u>つ目の間（<u>g</u>ap）の時期（DNA合成準備期）
	S期	DNAの合成（<u>s</u>ynthesis）・複製が行われる時期（DNA合成期）
	G₂期	<u>2</u>つ目の間（<u>g</u>ap）の時期（細胞分裂準備期）

細胞周期は大きく分裂期と間期に分けられます．それぞれの名称は━の部分と関係しています．

S期にはDNAの**合成・複製**が行われ，細胞あたりのDNA量が倍になります（**図1-14A**）．M期には，太く短い棒状の染色体が2本並んでつながった状態でみられるようになります．この2本は複製された同じDNAをもち，**姉妹染色分体**とよばれます．M期では，姉妹染色分体の分配に続く細胞質分裂によって，1つの細胞（**母細胞**）が2つの細胞（**娘細胞**）となります．結果として，分裂前の1つの2倍体（$2n$）の細胞から，体細胞分裂後には2つの2倍体（$2n$）の細胞が生じることになります．したがって，体細胞分裂では核相[※3]の変化は起こりません〔核に含まれるゲノムの組数は変わりません，複相（$2n$）→複相（$2n$），**図1-14A**〕．

● 姉妹染色分体 = sister chromatids

体細胞はそのまま増やす！

※3　核相：細胞1つあたりに含まれるゲノムの組数．

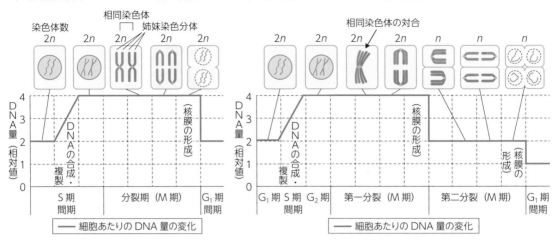

A) 体細胞分裂におけるDNA量の変化

B) 減数分裂におけるDNA量の変化

図1-14 体細胞分裂と減数分裂のDNA量と核相変化

体細胞分裂（A）と減数分裂（B）前後のDNA量と核相の変化を1対の相同染色体とともに示しています．体細胞分裂では，S期の DNA合成（複製）でDNA量が倍増します（DNA量は倍増しますが染色体数は変わらないので核相は $2n$）．M期には姉妹染色分体が娘細胞に分配されるため，DNA量が半減し，体細胞分裂前と同じになります．分裂前後で核相は変化しません．体細胞分裂の前後で，2倍体（$2n$）の細胞1つが，2倍体（$2n$）の細胞2つとなります．減数分裂ではS期のDNA合成・複製でDNA量が倍増するところは体細胞分裂と同様ですが，M期が2回連続でみられます．第一分裂では相同染色体が対合したあとに離れて，それぞれの娘細胞に分配されます．その結果1倍体（n）の細胞となりますが，姉妹染色分体をもつため，DNA量は減数分裂前と同等程度となります．第二分裂では，体細胞分裂のように姉妹染色分体が娘細胞に分配されます．DNA量は減数分裂前の半分程度となります．DNA量は分裂のたびに半減しています〔減数分裂前→第一分裂後→第二分裂後，2倍体（$2n$）の細胞1つ→1倍体（n）の細胞2つ→1倍体（n）の細胞4つ〕．参考文献8をもとに作成．

---

advance

DNAの合成・複製

● リーディング鎖 = leading strand

● ラギング鎖 = lagging strand

● 岡崎フラグメント = Okazaki fragment

2本のDNA鎖は両方とも鋳型となるだけでなく，複製後も存続します（半保存的複製）．複製の際，DNA鎖は複製起点から両方向にほどかれていきます．5′→3′方向へ複製されるDNA鎖はリーディング鎖とよばれます．3′→5′方向へ複製されるDNA鎖はラギング鎖とよばれます．転写のmRNA鎖合成と同様，DNAポリメラーゼによるDNA鎖の合成は5′→3′方向にのみ行われます．そのため，3′→5′方向に複製されるラギング鎖は，5′→3′方向に合成された短いDNA断片（岡崎フラグメント）がつなぎ合わされて完成します．

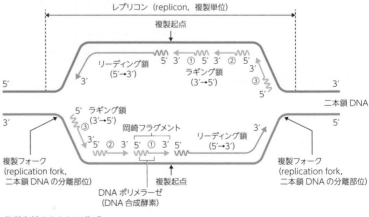

参考文献6をもとに作成．

▶ 減数分裂

生殖細胞[●]が成熟する途中には，**減数分裂**[●]とよばれる特殊な細胞分裂が行われます．

減数分裂では，G_2期の後にM期が2回連続してみられ，それぞれ第一分裂，第二分裂とよばれます（**図1-14B**）．1つの2倍体（$2n$）の細胞から，4つの1倍体〔単相（n）〕[●]の細胞が生じることになり，核相が変化します〔核に含まれるゲノムの組数が減ります，複相（$2n$）→単相（n）〕．

- ●生殖細胞＝germ cell，配偶子，精子および卵
- ●減数分裂＝meiosis
- ●1倍体＝haploid

● 減数分裂の第一分裂

減数分裂の第一分裂では，相同染色体がとなり合って結合する現象（**対合**[●]）がみられます．このとき，相同染色体間に**交差（交叉）**が生じることで，染色体の一部が交換される**乗換え**[●]とよばれる現象が起こります．乗換えの結果，遺伝情報の一部が変化することになります（**遺伝的組換え**[●]）[※4]．

- ●対合＝pairing
- ●乗換え＝crossing-over
- ●遺伝的組換え＝genetic recombination
- ※4 第一分裂にみられる相同染色体間の組換え：染色体の一部が交換される現象を乗換え，それによって新しい遺伝子の組合わせが生じることを遺伝的組換えとよびます．

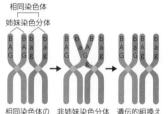

相同染色体
姉妹染色分体

相同染色体の対合　　非姉妹染色分体間の交叉　　遺伝的組換え

染色体の情報が混ざってるね

その後，細胞質分裂が起こり，1つの細胞（母細胞）が2つの細胞（娘細胞）となりますが，相同染色体はそれぞれの娘細胞に分配されます（$2n→n$）．第一分裂後の細胞は，組換えにより元の細胞とは遺伝情報の異なる姉妹染色分体が存在する1倍体（n）の細胞ということになります．

● 減数分裂の第二分裂

減数分裂の第二分裂では，姉妹染色分体の分配に続く細胞質分裂によって，1つの細胞（母細胞）が2つの細胞（娘細胞）となります（$n→n$）．

▶ 体細胞分裂と減数分裂の違い

体細胞分裂では，2組の染色体（46本）を正確に複製して体細胞へ分配します．一方，減数分裂では，2組の染色体（46本）のうち，1組分（23本）を生殖細胞へ分配します．

生殖細胞は受精するから

染色体の数を減らしておかないとね！

3. 精子・卵ができるまで

▶始原生殖細胞

● 始原生殖細胞＝primordial germ cell：PGC
● 羊膜　→本項4

精子や卵のもととなる細胞を**始原生殖細胞**といい，発生の早い段階でみられます．始原生殖細胞は羊膜で形成されて，未分化の精巣もしくは卵巣に入ってそれぞれ精子のもととなる**精祖細胞**，卵子のもととなる**卵祖細胞**に分化していきます．

● 精祖細胞＝spermatogonium，精原細胞

● 卵祖細胞＝oogonium，卵原細胞

▶精子の成熟

● 一次精母細胞＝primary spermatogonium

精祖細胞は思春期になると男性の精巣の**精細管**（細精管）で体細胞分裂を行い，**一次精母細胞**をつくり出すようになります（精祖細胞として残るものもあります）．一次精母細胞は減数分裂を行い，第一分裂で2つの二次精母細胞となり，第二分裂で4つの**精子細胞**（1倍体，n）となります（図1-15）．精子細胞はやがて精子へと形態を変化させます．男性の性染色体はXYのため，精子はXかYのどちらかの性染色体をもちます．

● 精子細胞＝精細胞

▶卵の成熟

● 一次卵母細胞＝primary oocyte

卵祖細胞は体細胞分裂を行い，**一次卵母細胞**をつくり出します（卵祖細胞として残るものもあります）．一次卵母細胞は胎児期にはすでに減数分裂を開始していますが，思春期の排卵が起こる前まで第一分裂の途中段階（一次卵母細胞の状態）で停止しています．卵母細胞は**卵胞**とよばれる袋に包まれており，卵胞には1個の卵母細胞と，それを栄養的に補助し**卵胞ホルモン**（**エストロゲン**）を分泌する周囲細胞群が含まれます．脳下垂体前葉から分泌される卵胞刺激ホルモンなどの影響によって減数分裂が再開され，卵巣周期ごとに1個の卵胞の成熟が進みます．

● 卵胞＝ovarian follicle
● エストロゲン　→4章4-2
● 卵胞刺激ホルモン　→4章4-2

● 卵胞の成熟とホルモン　→4章4-6

卵の成熟では，精子のような均等に分かれる減数分裂（均等分裂）とは異なり，1つの卵（卵母細胞）と1つの**極体**とよばれる細胞に分かれます（不等分裂，図1-15）．極体は核をもちますが，細胞質（栄養）をほとんどもたず，受精には関係しません．第一分裂の際には，**二次卵母細胞**と第一極体（一次極体）が産生されます．

● 極体＝polar body

卵胞が発達するとともに（発達した卵胞は，**成熟卵胞**とよばれます），減数分裂は第二分裂の途中まで進みます．成熟卵胞が破裂（**排

● 成熟卵胞＝mature follicle，グラーフ卵胞

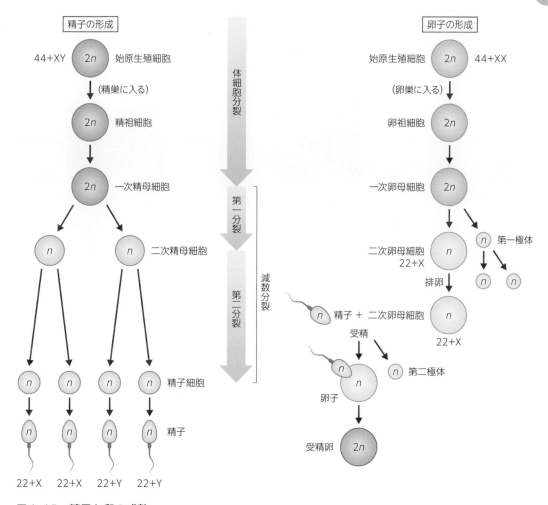

図1-15　精子と卵の成熟
精子の減数分裂は男性の精巣で思春期以降に行われます．卵の減数分裂は胎児期に開始し，排卵前まで第一分裂の途中で停止しています．排卵が近くなると減数分裂が再開し，第二分裂の途中まで進行します．精子が卵に侵入すると第二分裂が再開し，最終的に2倍体（$2n$）の受精卵となります．参考文献9をもとに作成．

卵）すると，二次卵母細胞と第一極体が排出されます（図1-15）．

▶受精

　二次卵母細胞が卵管（膨大部）で精子の進入を受ける（**受精**する）と，減数分裂（第二分裂）が再開して成熟卵（卵子）となり，第二極体（二次極体）を放出します．その後，卵の核と精子の核が融合すると，2倍体の受精卵となります（$n + n \rightarrow 2n$，図1-15）．

　女性の性染色体はXXのため，卵はXの性染色体をもちます．受精卵の性別は，Xの性染色体をもつ精子が受精するとXXとなって女性，Yの性染色体をもつ精子が受精するとXYとなって男性となります．

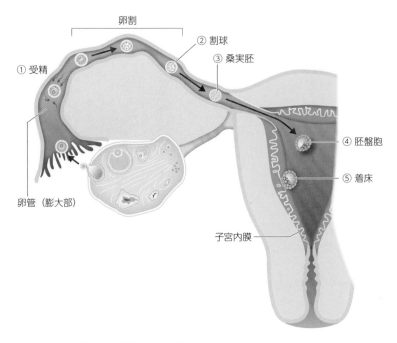

図1-16 受精から着床までの流れ
卵管膨大部で受精した卵は卵割を開始し，桑実胚を経て胚盤胞となります．胚盤胞は受精の約1週間後に子宮内膜へ着床します．参考文献1をもとに作成．

4. 1つの細胞がからだになるまで

受精後8週までを**胚子**，9週から誕生までを**胎児**とよびます[5]．ここからは，胚子の発達と組織・器官の分化に着目して紹介していきます．

▶ 受精から着床

まずは，受精から**着床**までの流れについてみていきましょう（図1-16）．受精卵が行う体細胞分裂は**卵割**とよばれ，2→4→8→16細胞と増加していきます．このように卵割によって生じた細胞は**割球**とよばれます（図1-16②）．細胞質の量は全体としては変わらないため，一つひとつの割球は徐々に小さくなっていきます．卵割をくり返した受精卵はやがて**桑実胚**とよばれる球体となります（図1-16③）．

桑実胚からさらに卵割が進んだものは，**胚盤胞**とよばれるようになります（図1-16④）．胚盤胞には**胚盤胞腔**とよばれる空間がみられます．加えて，**胚結節**と**栄養膜**とよばれる重要な構造が形成されます（図1-17）．胚結節は後に胎児の本体となる細胞群です．栄養膜

● 胚子 = embryo，胎芽
● 胎児 = fetus
※5 胚子期と胎児期：胚子と胎児の発生期間と対応して，受精後から8週目までを胚子期（embryonic period），9週目から誕生までを胎児期（fetal period）とよびます．
● 着床 = implantation
● 卵割 = cleavage
● 割球 = blastomere

桑の実

● 桑実胚 = morula
● 胚盤胞 = blastocyst，胞胚
● 胚盤胞腔 = blastocyst cavity，胚盤腔，胞胚腔
● 胚結節 = embryoblast，内部細胞塊，内細胞塊，inner cell mass：ICM
● 栄養膜 = trophoblast，栄養芽層，栄養外胚葉

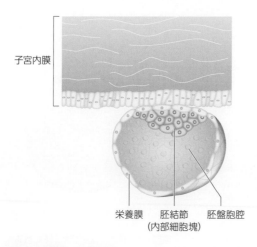

子宮内膜

栄養膜　胚結節　胚盤胞腔
　　　（内部細胞塊）

胚結節→胎児
栄養膜→胎盤の一部になるよ

図1-17　胚盤胞の構造（着床時）
着床時点の胚盤胞には胚盤胞腔，胚結節（内部細胞塊），栄養膜とよばれる構造がみられます．胚結節は後に胎児の本体となり，栄養膜は後に胎盤の胎児由来の部分となります．参考文献1をもとに作成．

は後に**胎盤**の一部となります．胚盤胞は受精の約1週間後には子宮内膜に付着（**着床**）します（図1-16⑤）．

▶胚盤胞の分化

着床後，胚盤胞は子宮内膜の中へ進入していきます（図1-18）．胚結節の細胞群は数を増やして二層の細胞層になり，**上胚盤葉**と**下胚盤葉**になります（図1-18A）．上胚盤葉には小さな空間が現れ，やがて**羊膜腔**となります（図1-18B）．羊膜腔が広がるに従って，薄い保護膜である**羊膜**が上胚盤葉から分化します[6]．下胚盤葉の細胞は移動して胚盤胞の内表面を覆って**卵黄嚢**[7]の壁を形成します（図1-18B）．

▶三胚葉の形成と器官・組織への分化

発生が進むと，羊膜に接する細胞の一部が卵黄嚢側へ侵入します（図1-19）．これらの細胞群（細胞層）は**中胚葉**とよばれます．残りの上胚盤葉由来の羊膜に接する細胞群は**外胚葉**とよばれ，下胚盤葉由来の卵黄嚢に接する細胞群は**内胚葉**とよばれるようになります（図1-19）．

この3種類の胚葉（**三胚葉**）から，後にさまざまな組織，器官が分化します．外胚葉からは神経系や感覚器系，表皮が分化し，中胚葉か

● 胎盤＝placenta
● 上胚盤葉＝胚盤葉上層：epiblast，原始外胚葉：primitive ectoderm
● 下胚盤葉＝下胚盤葉下層：hypoblast，原始内胚葉：primitive endoderm
● 羊膜腔＝amniotic cavity
● 羊膜＝amnion

※6　羊膜と羊水：羊膜は胚子全体を包み込み，羊膜腔は羊水（amniotic fluid）で満たされるようになります．羊水は振動や衝撃を和らげ，乾燥防止，体温調節などの機能を果たします．

※7　卵黄嚢（yolk sac）：卵黄嚢は栄養供給と造血の機能をもち，最終的に消化管を形成します．加えて，振動や衝撃を和らげ，乾燥防止などの機能を果たします．

● 中胚葉＝mesoderm

● 外胚葉＝ectoderm

● 内胚葉＝endoderm

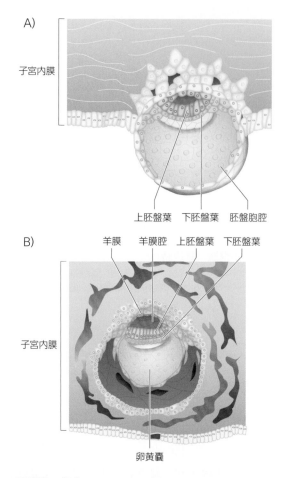

図1-18 胚盤胞の分化

A) 胚結節は上胚盤葉と下胚盤葉に分化します. B) 上胚盤葉からは羊膜が分化します. 下胚盤葉からは卵黄嚢の壁が形成されます. 参考文献1をもとに作成.

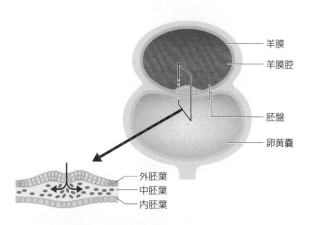

図1-19 三胚葉（三層性胚盤）

羊膜に接する細胞の一部が卵黄嚢側へ侵入し, 中胚葉が形成されます.
参考文献9をもとに作成.

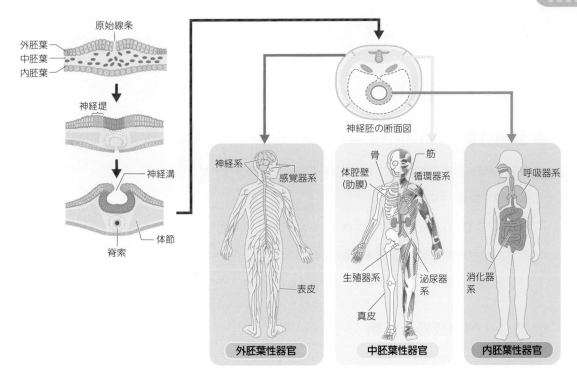

図1-20 三胚葉と組織，器官の分化
三胚葉から後にさまざまな組織，器官が分化します．参考文献9をもとに作成．

らは筋，骨，循環器系，泌尿器系，生殖器系，内胚葉からは消化器系，呼吸器系が分化します（図1-20）．

　胚子期の終わりにはさまざまな組織や器官のもととなる細胞（器官原基）の形成が行われ，すべての主要な器官系が発達をはじめています．

どの胚葉から
どんな組織・器官が分化するか
しっかり覚えておこう！

▶胎児

　受精後9週目以降は胎児期となります．胎児の身体は急速に成長し，各器官の形態と機能が発達していきます．そして，**出産**によって胎児が母体の外に排出された後，新生児が成長すると，受精卵のもととなる精子や卵が形成されるようになります．このような，前の世代の生殖細胞から次の世代の生殖細胞までの生殖細胞を中心としたサイクルは，生物学的には**生活環**とよばれます．

●出産＝ parturition，分娩：labor
●生活環＝ life cycle

練 習 問 題

ⓐ 細胞分裂（→図1-12, 14, 表1-3）

❶ 細胞周期のなかで間期に含まれるものを下からすべて選んでください.

　　M期　　G_1期　　S期　　G_2期

❷ 分裂期に現れる染色質が凝縮した構造の名称を答えてください.

❸ 体細胞には何組のゲノムが含まれるか答えてください.

❹ 減数分裂後の細胞には何組のゲノムが含まれるか答えてください.

ⓑ 精子・卵の成熟と受精（→図1-15）

❶ 減数分裂後の精子がもつ性染色体の遺伝子型をすべて答えてください.

❷ 減数分裂後の卵がもつ性染色体の遺伝子型をすべて答えてください.

❸ 受精卵（接合体）がもつ性染色体の遺伝子型をすべて答えてください.

ⓒ 胚子の発達と組織・器官の分化（→図1-17, 20）

❶ 着床前後に胚盤胞にみられ，後に胎児の本体となる細胞群のことを何とよぶか答えてください.

❷ 着床前後に胚盤胞にみられ，後に胎盤の一部となる細胞群のことを何とよぶか答えてください.

❸ 内胚葉由来の器官系を下からすべて選んでください.

　　神経系　　生殖器系　　消化器系　　感覚器系　　循環器系　　呼吸器系

ⓐ ❶ G_1 期，S 期，G_2 期

細胞周期では，分裂期（M 期）以外の G_1 期，S 期，G_2 期が間期に含まれます．

❷ 染色体

染色体は分裂期にのみみられる構造です．

❸ 2組

生物のからだを構成するすべての遺伝情報のまとまりをゲノムとよび，体細胞には2組のゲノムが含まれます（$2n$）．

❹ 1組

体細胞分裂の前後では核相が変化しませんが，減数分裂後の生殖細胞（精子，卵）には，1組のゲノムが含まれています．

ⓑ ❶ X，Y

精子は X か Y いずれかの性染色体をもちます．

❷ X

卵は X の性染色体をもちます．

❸ XY，XX

精子と卵の核が融合した受精卵の性染色体は，XY（男性）か XX（女性）のいずれかの遺伝子型となります．

ⓒ ❶ 胚結節（内細胞塊，内部細胞塊）

❷ 栄養膜（栄養芽層，栄養外胚葉）

❸ 消化器系，呼吸器系

着床時には，胎児の本体となる細胞群と胎盤となる細胞群が分化しています．❸ の選択肢のなかで，外胚葉由来は神経系と感覚器系，中胚葉由来は循環器系と生殖器系，内胚葉由来は消化器系と呼吸器系となります．

1. 消化・吸収

● 栄養素の消化・吸収について理解しよう

● 消化器系の機能について理解しよう

重要な用語

消化

食物に含まれる栄養素（糖質, 脂質, タンパク質）の大きな分子を吸収可能な小さな分子にすること. 消化管運動などによる物理的消化と消化酵素による化学的消化がある.

吸収

消化によって生じた小さい分子を体内へ取り込むこと. 主に小腸上皮細胞で行われるものを指す.

消化器系

食物の消化・吸収にかかわる器官をまとめた集まり. 口腔から肛門までつながる消化管に加え, 歯, 肝臓, 胆嚢, 膵臓などの付属器官が含まれる.

第2章では，主な栄養素（糖質，脂質，タンパク質）の消化・吸収と利用（化学反応）について，食物が体内に取り込まれてからエネルギーになるまでの流れを紹介します．まずは，食物に含まれる栄養素の消化・吸収について紹介します．

1. 食べものを細かくして体内へ

▶消化・吸収

栄養素の**消化**とは，食物に含まれる大きな分子を小さな分子にすること（低分子化）をいいます．消化には，咀嚼や消化管運動による**物理的消化**，胃液や膵液などの消化液[1,2]に含まれる消化酵素[3,4]による**化学的消化**があります．本書では化学的消化について紹介します．

栄養素の**吸収**とは，消化によって生じた小さい分子を体内に取り込み，血中に移動させることをいいます．これは，主に小腸の細胞で行われます．

▶消化器系

消化・吸収を行う器官をまとめた集まり（器官系）を**消化器系**とよびます．消化器系は，口腔から肛門までひとつながりになっている1本の消化管と付属器官（歯，肝臓，膵臓など）から構成されています（図2-1）．消化管は，口腔→咽頭→食道→胃→小腸→大腸→肛門の順となっています（図2-2）．口腔から取り入れた食物は，主に口腔，胃，小腸で消化酵素の作用を受けて小さな分子となります．口腔には唾液，胃には胃液，小腸（十二指腸）には膵液と胆汁が流れ込み，消化に関与します．小さな分子となった栄養素は小腸から吸収され，大部分は門脈の血流に乗って肝臓へと輸送されます．消化・吸収が行われなかったものは，便の構成要素となって肛門から排泄されます．

● 消化 = digestion

※1 外分泌と内分泌：消化管は口腔と肛門の部分で外界と接しているため，消化液は体外に分泌されていることになるので，外分泌とよばれます．一方，ホルモンは血中，つまり体内に分泌されるため，内分泌とよばれます．なお，胃や膵臓は，消化液とホルモンの両方を分泌しています．

※2 消化管ホルモン：食物やその消化物が消化管に接触することで，胃や十二指腸から消化管ホルモンが血中に分泌されます．消化管ホルモンは，消化器系の器官・組織を構成する細胞に作用し，消化液の分泌や消化管の運動機能の調節にかかわります．

※3 消化活性と温度・pH：酵素の働き（酵素活性）が最も高くなる温度を最適温度（至適温度）といい，ヒトの場合37℃付近です．活性が最も高くなるpHを最適pH（至適pH）といい，酵素によって異なっています．

※4 消化酵素の活性化：消化酵素（タンパク質）は，前駆体（先駆体）として分泌されてから，適当な環境下でプロセシング（1章1-5）を受けて活性化する場合があります．例えば，胃でタンパク質を消化するペプシンは，まず前駆体のペプシノーゲンとして分泌され，胃酸（塩酸：HCl）の作用によってペプシンに変化します．また，ペプシンが働くのに最適なpHは胃の環境に合っており，酸性（pH1～2）の環境で最も活性が高くなります．胃酸には，タンパク質の立体構造を崩し，ペプシンの作用を受けやすくする働きもあります．

● 吸収 = absorption

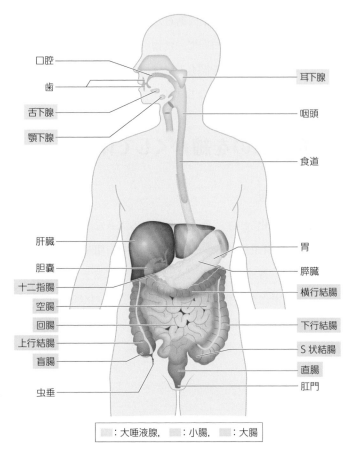

口腔
歯
舌下腺
顎下腺

耳下腺
咽頭
食道

肝臓
胆囊
十二指腸
空腸
回腸
上行結腸
盲腸
虫垂

胃
膵臓
横行結腸
下行結腸
S状結腸
直腸
肛門

▨：大唾液腺，　▨：小腸，　▨：大腸

消化管って
1本の管なんだ！

内胚葉からこんなに
変わったんだね

図2-1　消化器系の構造
消化器系には，口腔から肛門まで
つながる消化管と歯，肝臓，膵臓，
胆囊などの付属器官が含まれます．
参考文献9をもとに作成．

2. お米，あぶら，お肉の消化・吸収

糖質，脂質，タンパク質のそれぞれの消化・吸収について紹介して
いきます．

▶糖質の消化・吸収

食物中に含まれる糖質には，例えば植物（お米やじゃがいもなど）
に含まれる**デンプン**[*]があります．デンプンは，**グルコース**[*]がたくさんつながった構造をしています（脱水縮合[※5]により結合）．デンプン
は，唾液や膵液に含まれる消化酵素である**アミラーゼ**[※6]によって分解
され，グルコースが2個つながった**マルトース**[*]やグルコースが多数
つながった**デキストリン**[※7]などになります（表2-1）．その後，小腸
上皮細胞（吸収上皮細胞）の細胞膜上（刷子縁）に存在するマルターゼ[*]などによってグルコースにまで分解されます（膜消化）．

●デンプン＝ starch
●グルコース＝ glucose，ブドウ糖
※5　脱水縮合：水分子がとれることに
よって分子間に化学結合ができることを脱
水縮合といいます（逆に水による分解反応
は加水分解といいます）．糖のかかわる脱水
縮合は特にグリコシド結合とよばれます．
※6　アミラーゼ（amylase）：α-アミ
ラーゼ，唾液アミラーゼ，プチアリンとも
よばれます．
●マルトース＝ maltose，麦芽糖
※7　デキストリン（dextrin）：グルコー
スからなる低分子化合物をまとめてデキス
トリンとよばます．消化しにくい難消化性
デキストリンは血糖値の急激な上昇を抑え
るとされており，特定保健用食品の成分と
して利用されています．
●マルターゼ＝ maltase

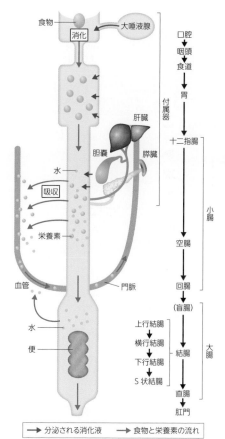

図2-2　栄養素の消化・吸収の流れ

摂取した栄養素は，消化管の運動や消化酵素の作用などによって小さな分子となり，小腸から吸収されます．吸収された栄養素は血中へ移動し，大部分が門脈を通って肝臓へ輸送されます（脂質はリンパ管へ移動後，最終的には血管に合流します）．吸収されなかった食物は水分，古い腸の細胞，腸内細菌などとともに便を形成し，肛門から排泄されます．

消化によって産生されたグルコースは，細胞膜上の担体による小腸上皮細胞内へ運ばれます（図2-3）．細胞に取り込まれたグルコースの大部分は担体（グルコーストランスポーター：GLUT2）を通して血管中へ放出され，肝臓へと運ばれます（図2-2，3）．

●細胞膜上の担体＝ナトリウムグルコース共輸送体，ナトリウム依存性グルコーストランスポーター，ナトリウム共役型グルコース輸送体，SGLT1

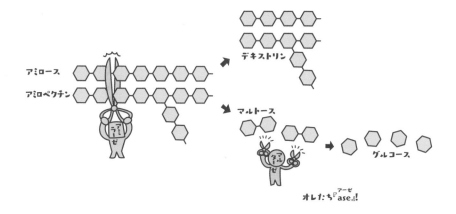

表2-1　代表的な消化酵素の作用

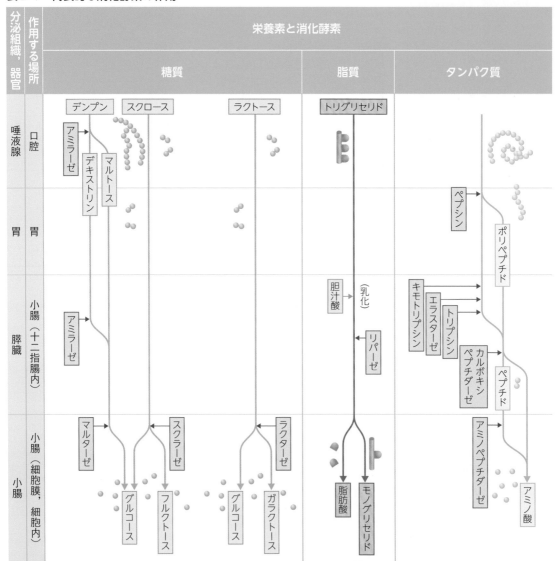

糖質，脂質，タンパク質はそれぞれ異なる消化酵素の作用を受けて小腸から吸収されます．膵液は3種類すべての栄養素の消化にかかわります．食物に含まれるスクロース（ショ糖）は小腸の微絨毛の膜上に存在するスクラーゼという酵素によって，グルコースとフルクトース（果糖）に分解されて，吸収されます．ラクトース（乳糖）は小腸の微絨毛の膜上に存在するラクターゼという酵素によって，グルコースとガラクトースに分解され，吸収されます．デンプンの消化と同じように，トリグリセリドの消化にもさまざまな段階が考えられます．膵リパーゼによる消化では，主に1分子のトリグリセリドが1分子のモノグリセリドと2分子の脂肪酸に分解されるまでの反応が進むといわれています．参考文献8をもとに作成．

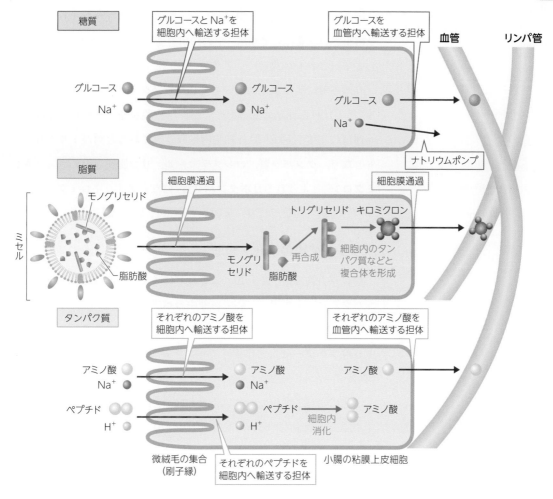

図2-3 小腸への吸収

糖質，脂質，タンパク質由来の低分子は小腸の粘膜上皮細胞から吸収され，血管を通して輸送されます．グルコース，アミノ酸の担体による小腸上皮細胞への吸収は，ナトリウムイオン（Na⁺）などの細胞内への移動と同時に行われます．脂質が集合して球状になったものをミセル，脂質とタンパク質の複合体が球状になったものをリポタンパク質とよびます．どちらも親水性の部分（分子やその一部）を外側に向けて水中（組織液中や血液中）に存在しています．脂質運搬にかかわるリポタンパク質は密度によって分類されており，最も密度が小さく（脂質が多く），食物中の脂質の運搬にかかわるものはキロミクロンとよばれています．

▶脂質の消化・吸収

　脂質は植物油やチーズ，生クリームなどさまざまな食品に含まれます．食物中に含まれる脂質としては，**トリグリセリド**●などがあります[※8]．トリグリセリドは胆汁により乳化された後，膵液中の**リパーゼ**[※9]によって主に小腸で**モノグリセリドと脂肪酸**●に分解されます（表2-1）．

● トリグリセリド = triglyceride

※8　中性脂肪：グリセロールに脂肪酸が結合したものは，まとめて中性脂肪とよばれます．脂肪酸が1つ結合したものはモノグリセリド，2つ結合したものはジグリセリド，3つ結合したものをトリグリセリドとよびます〔モノ（mono）は1，ジ（di）は2，トリ（tri）は3をあらわします〕．また，グリセロールに結合する脂肪酸の部分はアシル基とよばれるため，トリグリセリドは3つのアシル基をもつグリセロールという意味でトリアシルグリセロール（triacylglycerol）ともよばれます．食物に含まれる中性脂肪の大部分がトリグリセリドに分類されます．

●脂肪酸＝fatty acid

●ミセル＝micelle

●キロミクロン＝chylomicron，カイロミクロン
●リポタンパク質＝lipoprotein

胆汁に含まれる物質（胆汁酸）は，脂質の大きなかたまりをバラバラの小さい状態にしてリパーゼの作用を受けやすく（消化されやすく）します（これを乳化といいます）．

リパーゼによる消化によって生じたモノグリセリドや脂肪酸は**ミセル**とよばれる球状の構造を形成し，細胞膜を通って小腸上皮細胞内へ運ばれます（図2-3）．細胞内へ取り込まれると再びトリグリセリドとなり，タンパク質，コレステロール，リン脂質と合わさって**キロミクロン**とよばれる**リポタンパク質**になります．キロミクロンはリンパ管を経て血管へ移り，肝臓へと運ばれます（図2-3）．

▶ タンパク質の消化・吸収

タンパク質は肉や魚介類，大豆などに多く含まれます．食物中のタンパク質は，まず胃において胃液中の**ペプシン**，続いて，小腸において膵液中[※10]の**トリプシン**，**キモトリプシン**，**エラスターゼ**，**カルボキシペプチダーゼ**などによってペプチドやアミノ酸に分解されます（表2-1）[※11]．

消化によって産生したペプチドやアミノ酸は細胞膜上の担体によって小腸上皮細胞内へ運ばれます（図2-3）．ペプチドは細胞内の**アミノペプチダーゼ**によりアミノ酸にまで消化されます．細胞に取り込まれたアミノ酸の大部分は担体を通して血管中へ放出され，肝臓へと運ばれます（図2-2, 3）．

※10　膵液による消化：膵液は胆汁とともに小腸（十二指腸）内へ分泌されます（表2-1）．膵液には消化酵素前駆体のほかに重炭酸イオン（HCO_3^-，炭酸水素イオン）が多く含まれており，胃液による急激なpHの変化を和らげる作用もあります．
●ペプチド　→1章1-5
※11　タンパク質分解酵素：タンパク質分解酵素（ペプチダーゼ：peptidase，プロテアーゼ）は，エンドペプチダーゼ（endopeptidase）とエキソペプチダーゼ（exopeptidase）に大別されます．エンドペプチダーゼはタンパク質（ペプチド）の内側（endo）にも作用可能で，大きく分解することができます（特定の構造の化学結合に作用します）．エキソペプチダーゼは外側（exo）のアミノ酸を1つずつ小さく分解していきます．ペプシンやトリプシンはエンドペプチダーゼ，カルボキシペプチダーゼやアミノペプチダーゼはエキソペプチダーゼに分類されます．

小腸の構造と表面積

　小腸はさまざまなスケールで表面積が大きくなるような構造となっていて，栄養素が小腸の粘膜上皮細胞と接触して吸収されやすいようになっています．スケールの大きな方からみてみると，小腸の表面には輪状ヒダがみられます．輪状ヒダの表面には多数の絨毛がみられます．絨毛を構成する上皮細胞の細胞膜は突出していて，この構造は微絨毛とよばれます．微絨毛の集まりは刷子縁とよばれています．

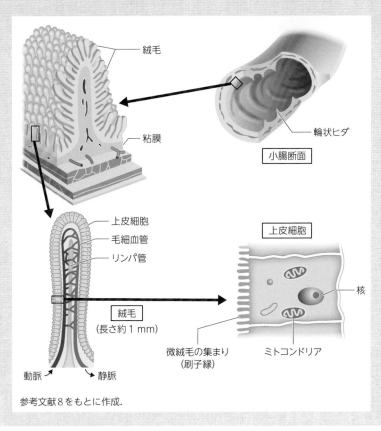

絨毛

粘膜

輪状ヒダ

小腸断面

上皮細胞

毛細血管

リンパ管

上皮細胞

絨毛
（長さ約 1 mm）

核

動脈　　　静脈

微絨毛の集まり
（刷子縁）

ミトコンドリア

参考文献8をもとに作成．

練 習 問 題

ⓐ 消化・吸収 (→ 図2-1, 2)

❶ 小腸，膵臓，胃，大腸，胆嚢，肝臓のうち，消化器系の付属器官をすべて答えてください．

❷ 小腸，膵臓，胃，大腸，胆嚢，肝臓のうち，栄養素の吸収が主に行われる器官を答えてください．

ⓑ 糖質，脂質，タンパク質の消化・吸収 (→ 図2-3, 表2-1)

❶ 以下の消化酵素のなかで，糖質の消化にかかわるものをすべて答えてください．

アミラーゼ，ペプシン，トリプシン，マルターゼ

❷ グリセロールに脂肪酸が3つ結合した化合物の総称を答えてください．

❸ 食物中に含まれる脂質を血中に運搬する主なリポタンパク質の名称を答えてください．

練習問題の　解答

ⓐ ❶ 膵臓，胆囊，肝臓

消化器系は胃，小腸，大腸などから構成される消化管と肝臓，胆囊，膵臓などからなる付属器官からなります．

❷ 小腸

肝臓で合成後に胆囊で貯蔵されている胆汁と膵臓から分泌される膵液はともに小腸（十二指腸）へと流れ込みます．消化された栄養素は主に小腸から吸収されます．

胆汁は肝臓で作って
胆囊でためるんだね！

ⓑ ❶ アミラーゼ，マルターゼ

アミラーゼとマルターゼが糖質の消化にかかわる酵素，ペプシンとトリプシンがタンパク質の消化にかかわる酵素になります．

❷ トリグリセリド（トリアシルグリセロール）

グリセロールに脂肪酸が3つ結合した化合物はトリグリセリド，またはトリアシルグリセロールとよばれます．

❸ キロミクロン（カイロミクロン）

脂質を血中に運搬するリポタンパク質はキロミクロンに分類されます．脂質運搬にかかわるリポタンパク質としては，ほかにHDL（高密度リポタンパク質）やLDL（低密度リポタンパク質）などがあります．HDLは肝臓にコレステロールを運び，LDLは肝臓から他の組織にコレステロールを運ぶ役割があります．

2. 栄養素の利用

学習のポイント!

● 栄養素の代謝の概要について理解しよう

● ATP産生の流れについて理解しよう

● 糖代謝への脂質，タンパク質の導入について理解しよう

重要な用語

ATP（アデノシン三リン酸）

アデニンとリボースからなるアデノシンにリン酸が3つ結合した物質．高エネルギーリン酸結合をもつ．生体におけるエネルギー源となる．ATPのもつエネルギーは，脳や筋肉中ではクレアチンリン酸の形で蓄えられる．

解糖系

細胞質にみられる代謝経路の1つ．ATPが産生されるほか，酸素が十分にある状態（好気条件下）ではクエン酸回路で利用されるピルビン酸，電子伝達系で利用されるNADHを産生する．酸素が利用できない嫌気条件下では乳酸を産生する．

クエン酸回路

ミトコンドリア内にみられる代謝経路の1つ．アセチルCoAを取り込んで，クエン酸などの物質代謝の過程でNADH，FADH$_2$，GTP，CO$_2$などが産生される．アセチルCoAは解糖系でグルコースから生じたピルビン酸のほか，脂肪酸とアミノ酸からも生じる（β酸化とアミノ基転移反応）．

電子伝達系

ミトコンドリア内にみられる代謝経路の1つ．解糖系やクエン酸回路などで生じたNADH，FADH$_2$の酸化（NADH→NAD，FADH$_2$→FAD）によるADPのリン酸化（酸化的リン酸化）によって大量のATPが産生される．ミトコンドリアの膜間腔とマトリックスの水素イオン（H$^+$）の濃度勾配を利用する．

β酸化

脂肪酸の分解によってアセチルCoAを生じるミトコンドリア内にみられる代謝経路．NADHとFADH$_2$も産生される．

1. 栄養素からエネルギーへ

　ここでは，糖を中心とした栄養素の利用，つまりグルコースから体内のエネルギー源となる**ATP**（アデノシン三リン酸）が合成される流れ（**代謝経路**）について紹介していきます．代謝経路では化学反応を触媒するさまざまな酵素が中心的な役割を担っています．酵素により物質は別の物質に変えられていき，ATPなどのエネルギー源や，さまざまな代謝産物がつくられていきます．

　脂質やタンパク質も，必要な場合には体内のエネルギー源であるATPをつくるための材料となります．栄養素のもつエネルギー（熱量）はkcalという単位などであらわします．食品を購入する際，気にしている人もいるかもしれません．それぞれ，1 gの栄養素から，糖質は約4 kcal，脂質は約9 kcal，タンパク質は約4 kcalのエネルギーが生じます．

▶ATPとは

　ATPは，アデニン（塩基）とリボース（糖）からなるアデノシン（ヌクレオシド）にリン酸が3つ結合した物質でヌクレオチドの1種です．ATPは**高エネルギーリン酸結合**とよばれる結合をもち，加水分解によってADP（アデノシン二リン酸）と1つのリン酸に分かれる際に大きなエネルギーが発生します（図2-4）．このエネルギーが生命現象に必要なさまざまな化学反応に利用されるのです．

▶クレアチンリン酸

　ATPのもつエネルギーは，脳や筋肉中では**クレアチン**という物質にリン酸を受け渡すことで，**クレアチンリン酸**の形で蓄えることができます（ATP＋クレアチン → ADP＋クレアチンリン酸）．クレアチンリン酸はADPにリン酸を与えてATPに変化させることができ，ATPを再生させる働きをします（ADP＋クレアチンリン酸 → ATP＋クレアチン）[※1].

● クレアチン＝ creatine

● クレアチンリン酸＝ creatine phosphate，ホスホクレアチン：phosphocreatine

※1　クレアチンの排出：筋肉などでクレアチンリン酸が利用され，利用後に不要になったクレアチンはクレアチニンとして尿に排泄されます．

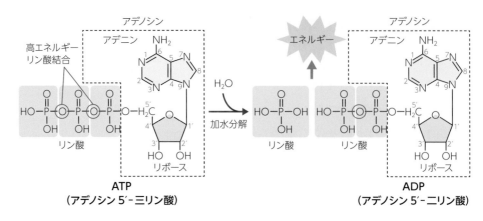

図2-4 ATPとADP

▶ATP合成の流れ

● 代謝経路 = metabolic pathway

グルコースからのATP産生の最も大きな流れは，**解糖系→クエン酸回路→電子伝達系**の代謝経路[*]です（図2-5 ①）．関連する他の経路として，流れに逆行してグルコースを合成する糖新生，一時的なエネルギーの貯蔵を行うグリコーゲン代謝，ペントース（五炭糖）などの代謝を回り道で行うペントースリン酸回路などがあります[※2]．

※2 ペントース：リボースやデオキシリボースなどの炭素Cを5個もつ糖は，ペントース（pentose，五炭糖）とよばれます．グルコースなどの炭素を6個もつ糖はヘキソース（hexose，六炭糖）とよばれます．ペントース，ヘキソースのよび方はギリシャ数字の5と6，つまりペンタ（penta）とヘキサ（hexa）からきています．

主要な脂質であるトリグリセリドが分解されて生じるグリセロールや脂肪酸もATP産生の流れに組込まれて利用されます（図2-5 ②）．グリセロールは解糖系の途中の物質に変化して利用されます．脂肪酸はβ酸化とよばれる過程によって，クエン酸回路で使われるアセチルCoA[*]という物質となって利用されます．

● アセチルCoA = Acetyl-CoA

タンパク質が分解されて生じるアミノ酸もクエン酸回路の途中で利用されます（図2-5 ③）．その際，アミノ酸のアミノ基（$-NH_2$）から生じたアンモニア（NH_3）は，オルニチン回路（尿素回路）とよばれる経路で毒性のない尿素へと変えられます．

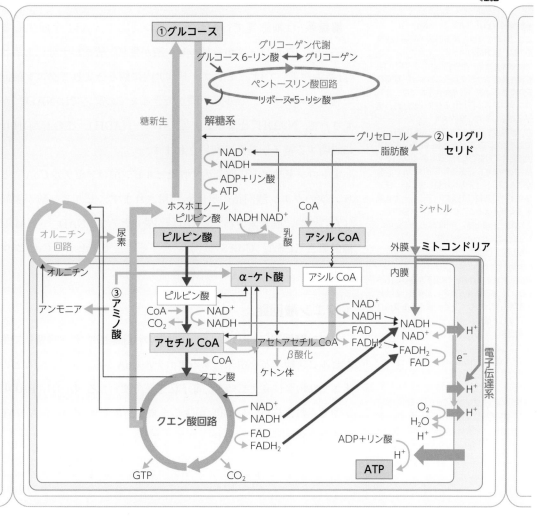

細胞

図2-5　細胞内における栄養素の代謝に関する主要な物質と代謝経路のまとめ

他の化学反応への利用につながる物質の移動は黒色の矢印（→），化学変化は青色の矢印（→）で示しました．ATP産生には，糖質（グルコース）のほか，脂質（グリセロール，脂肪酸），タンパク質（アミノ酸）を利用することができます．糖新生，グリコーゲン代謝，オルニチン回路の反応は主に肝臓などで行われます．好気条件下で解糖系から生じたNADHのミトコンドリア内への輸送方法は細胞によって異なります（シャトル，p64 advance参照）．

2. 糖代謝の３つのステップ

　糖代謝における３つの主要な経路である解糖系，クエン酸回路，電子伝達系について順に紹介します．

▶ 解糖系

　解糖系は細胞質で行われる一連の反応で，ATPを産生します（図2-6）．グルコースからピルビン酸が生じ，酸素が十分にある状態（好気条件下）では，ミトコンドリア内に取り込まれてクエン酸回路で利用されます[※3]．ピルビン酸ができるまでの反応ではNAD^+が還元されて，**NADH**となります（$NAD^+ \rightarrow NADH$）．このNADHは後に説明する電子伝達系で利用されます．

　ミトコンドリア内に取り込まれたピルビン酸はアセチルCoA[※4]となり，次のクエン酸回路の反応へ利用されます．ピルビン酸が脱炭酸（CO_2放出），脱水素されて（NAD^+が受けとって，$NAD^+ \rightarrow NADH$），**補酵素A**（CoA，CoASH）と結合することでアセチルCoAが生じます．

▶ クエン酸回路

　クエン酸回路はミトコンドリア内の代謝経路です．解糖系で生じたピルビン酸などを由来とするアセチルCoAから，クエン酸などのさまざまな物質に変えていき，電子伝達系で使われるNADH，**FADH₂**がつくられ，GTP[※5]，CO_2が生じます（図2-7）．$FADH_2$もNADHと同様に電子伝達系で酸化されることでATP産生に役立ちます．

- 解糖系 = glycolytic pathway
- ※3　乳酸の産生と酸素利用の関係：解糖系では，酸素の利用状況によって，どこまで反応を進めると最終的により多くのATPを産生できるかが変わってきます．酸素を利用できる状況（好気条件下）では，ミトコンドリア内で行われるクエン酸回路，電子伝達系の反応が進みます（図2-5）．一方，酸素が利用できない状況（嫌気条件下）ではそれらの反応が進まないため，解糖系の反応をくり返した方がより多くのATPを産生できます．好気条件下ではピルビン酸がミトコンドリア内へ移動しますが，嫌気条件下では解糖系の反応を多く行って乳酸を多く産生することになります（図2-6）．
- NAD^+（酸化型）= nicotinamide adenine dinucleotide
- NADH（還元型）= nicotinamide adenine dinucleotide
- ※4　アセチルCoA：アセチル基（CH_3-CO-）と補酵素Aが結合した物質．ピルビン酸からだけでなく，脂肪酸からも産生されます（β酸化）．
- 補酵素A = Coenzyme A
- クエン酸回路 = citric acid cycle, TCA回路：tricarboxylic acid cycle
- $FADH_2$ = flavin adenine dinucleotide
- ※5　GTP（グアノシン三リン酸）：グアニン（塩基）とリボース（糖）からなるグアノシンにリン酸が3つ結合した物質（ヌクレオチドの1種）で，ATPと同様に高いエネルギーをもちます．

ビタミンB群

　化学反応の速度を調整する生体触媒である酵素には，ビタミン（を含む補酵素）やミネラル（金属イオン）などの補因子を必要とするものがあります．ビタミンB群は8種類の水溶性ビタミンで，細胞内の栄養素の代謝をサポートしています．例えば，電子伝達系への水素運搬に活躍するNAD^+，FADはビタミン名でいうとそれぞれナイアシン，ビタミンB_2となります．クエン酸回路への導入，脂肪酸やケトン体の代謝において重要な補酵素A（CoA）のビタミン名はパントテン酸です．アミノ基転移反応の補酵素であるPLP（ピリドキサールリン酸）はビタミンB_6です．細胞内の栄養素の

代謝は複雑に関係しているため，ビタミンB群は特定の種類に偏らずに摂取することが必要となります．

ビタミンB群！

B_1　B_2　B_6　B_{12}

ナイアシン　パントテン酸　ビオチン　葉酸

ONEチームだ！

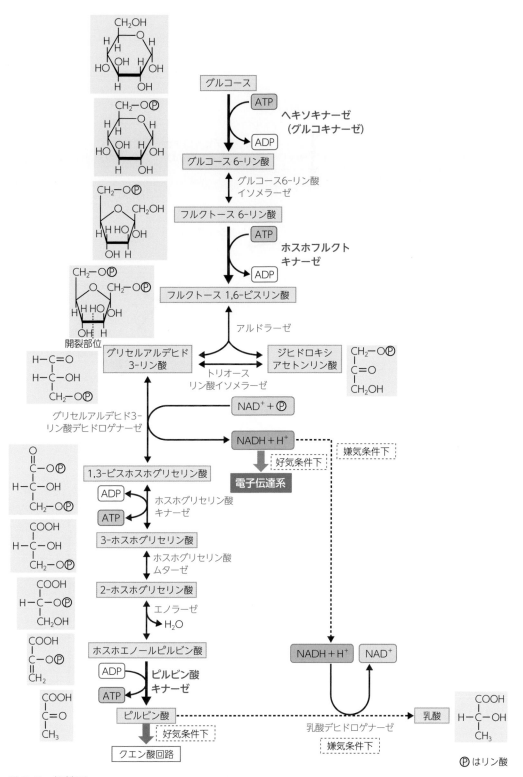

Ⓟはリン酸

図2-6 解糖系

細胞質で行われる解糖系の反応では，グルコースがピルビン酸となり，ATPが産生されます．ピルビン酸は好気条件下ではクエン酸回路で利用され，嫌気条件下ではピルビン酸は乳酸になる反応が進みます．反応系全体の速度を調節（制限）する酵素は，律速酵素とよばれます．解糖系の場合は，ヘキソキナーゼ，ホスホフルクトキナーゼ，ピルビン酸キナーゼになります．

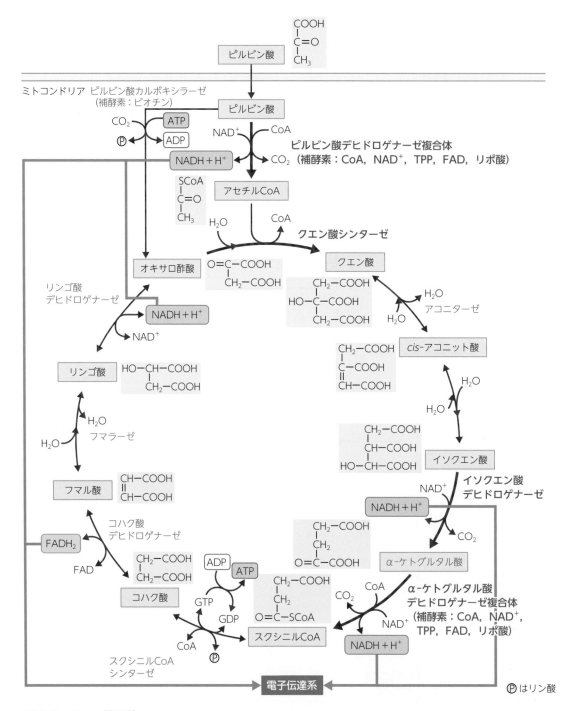

図2-7 クエン酸回路

ミトコンドリアで行われるクエン酸回路の反応では，解糖系の産物であるピルビン酸から生じたアセチルCoAを取り込んで物質の代謝が行われます．NADHやFADH₂は電子伝達系で利用されます．クエン酸回路全体の速度を調節（制限）する酵素（律速酵素）は，クエン酸シンターゼ，イソクエン酸デヒドロゲナーゼ，α-ケトグルタル酸デヒドロゲナーゼ複合体になります．また，ピルビン酸デヒドロゲナーゼ複合体もクエン酸回路全体の反応速度にかかわります．

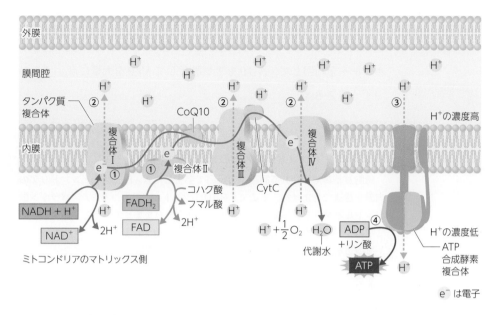

図2-8　電子伝達系
ミトコンドリアで行われる電子伝達系の反応では，解糖系やクエン酸回路などで生じたNADH，FADH₂の酸化に伴う電子の移動（電子伝達）を利用してH⁺の濃度勾配をつくります．濃度勾配にしたがってH⁺が流れ込むエネルギーを利用してATP産生が行われます．

▶電子伝達系

　電子伝達系°はミトコンドリア内の代謝経路で，解糖系やクエン酸回路などで生じたNADHとFADH₂から大量のATPを産生します．NADH，FADH₂の酸化（NADH→NAD⁺，FADH₂→FAD）によって，ADPがリン酸化されてATPの産生が行われます（**酸化的リン酸化**，図2-8）．

　それでは，より詳しく電子伝達系をみていきましょう．NADHやFADH₂は，電子をミトコンドリア内膜中のタンパク質複合体に与えて，電子は複合体の間を伝達されていきます（電子伝達，図2-8①）．伝達された電子は最終的に酸素（O₂）を還元します．つまり，酸素と水素イオン（H⁺）から水（H₂O）が生じます（代謝水）．

　また，タンパク質複合体には**プロトンポンプ**とよばれるしくみをもつものもあり，電子伝達に伴ってH⁺をミトコンドリアの内膜と外膜の間（膜間腔）にくみ出します（図2-8②）．これによりミトコンドリアの膜間腔ではマトリックス（内側）よりもH⁺の濃度が高くなり，濃度勾配（濃度差）が生じます．ミトコンドリア内膜にある**ATP合成酵素複合体**が変形してH⁺の通り道（**プロトンチャネル**）が開くと，

●電子伝達系＝electron transport system，呼吸鎖：respiratory chain

濃度勾配にしたがって，H$^+$が濃度の高い膜間腔から濃度の低いマトリックスの方に勢いよく流れ込みます（図2-8③）．この流れ込むエネルギーを利用して，ADPをリン酸化してATPを大量に産生するのです（図2-8④）．

advance ∽∽∽∽∽∽∽∽∽∽∽∽∽∽∽∽∽∽∽∽∽∽∽∽∽∽∽

NADHのミトコンドリア内への輸送

　細胞質基質で行われる解糖系の反応で発生したNADHはミトコンドリアの内膜を通過できません．そこで，NADHシャトル（リンゴ酸-アスパラギン酸シャトルとグリセロール3-リン酸シャトルがあります）というしくみによってミトコンドリア内に転送させて電子伝達系で利用されます．

　リンゴ酸-アスパラギン酸シャトルは，心臓，肝臓，腎臓などで働くしくみです（左図）．NADHのもつ電子は膜間腔でリンゴ酸に受け渡され，内膜を通過したリンゴ酸はマトリックス内で電子をNAD$^+$に渡すことでNADHが産生されます．

　グリセロール3-リン酸シャトルは，骨格筋や脳などで働くしくみです（右図）．NADHのもつ電子は膜間腔でグリセロール3-リン酸を通じてFADに受け渡され，FADH$_2$が産生されます．FADH$_2$のもつ電子はユビキノン（コエンザイムQ10：CoQ10）を通じて電子伝達系の複合体へと受け渡されます．

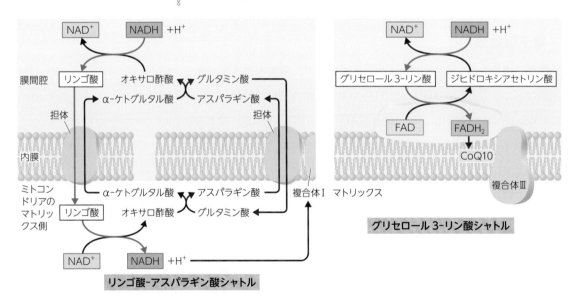

リンゴ酸-アスパラギン酸シャトル

グリセロール3-リン酸シャトル

3. その他の糖代謝

　糖代謝の3つの主要な代謝経路（解糖系，クエン酸回路，電子伝達系）に関連するその他の経路を3つ紹介します．

▶糖新生

1つ目は，**糖新生**です．糖新生は，解糖系やクエン酸回路の代謝産物からグルコースを合成する反応です．絶食時など，グルコースが足りなくなったときにピルビン酸，アミノ酸，乳酸などからグルコースをつくり出します．ピルビン酸からグルコースをつくるためにエネルギー（ATP）が消費されます．基本的には解糖系を逆流する流れになりますが，ピルビン酸からその前の化合物（ホスホエノールピルビン酸）への変化はクエン酸回路を介したものとなります（図2-5）．糖新生の反応は，主に肝臓と腎臓で行われます．つくられたグルコースは血流にのって移動し，他の組織で利用することができます．

● 糖新生 = gluconeogenesis

▶グリコーゲン代謝

2つ目は，**グリコーゲン代謝**（グリコーゲンの合成と分解）です．グリコーゲンはグルコースが結合してできた物質で，余分なグルコースを貯蔵する役割があり，特に肝臓と筋肉に多く蓄えられています[6]．グリコーゲンの合成にはUTP[7]のエネルギーが使われ，解糖系の代謝産物であるグルコース6-リン酸が原料となります（図2-5）．一方，血中グルコース濃度（血糖値）が低くなるとグリコーゲンの分解が起こり，グルコース6-リン酸が生じます．

● グリコーゲン = glycogen

※6　肝臓と筋肉組織でのグリコーゲン貯蔵：肝臓の組織重量の約5％（100 g），筋肉の組織重量の約1％（250 g）がグリコーゲンで占められています．

※7　UTP（ウリジン三リン酸）：ウラシル（塩基）とリボース（糖）からなるウリジンにリン酸が3つ結合した物質（ヌクレオチドの1種）で，ATPと同様に高いエネルギーをもちます．

advance

デンプンとグリコーゲンの構造

植物ではデンプン，動物ではグリコーゲンの形でグルコースを貯蔵しています．デンプンはアミロースとアミロペクチンの混合物です．アミロースは$\alpha 1 \rightarrow 4$結合とよばれる化学結合で直鎖上にグルコースがつながっているのに対して，アミロペクチンは$\alpha 1 \rightarrow 4$結合と$\alpha 1 \rightarrow 6$結合の2種類の結合のしかたがあるため，樹状構造をとります．デンプンの分解においては，唾液や膵液に含まれる消化酵素のアミラーゼで$\alpha 1 \rightarrow 4$結合の分解が行われますが，$\alpha 1 \rightarrow 6$結合の分解には別の酵素が必要になります．

グリコーゲンは$\alpha 1 \rightarrow 4$結合または$\alpha 1 \rightarrow 6$結合でグルコースがつながることで樹状構造をとります．グリコーゲンの分解においては，$\alpha 1 \rightarrow 4$結合を分解する酵素はグリコーゲンホスホリラーゼ（glycogen phosphorylase），$\alpha 1 \rightarrow 6$結合を分解する酵素は脱分枝酵素（debranching enzyme）とよばれます．

すごい溜め込んでる!?

グリコーゲン

● ペントースリン酸回路 = pentose phosphate cycle：PPP
● ペントース　→1章1-4

▶ ペントースリン酸回路

　3つ目は，**ペントースリン酸回路**です．この代謝経路では，DNAやRNAの原料となるリボース5-リン酸の合成，脂質代謝（脂肪酸合成）にかかわる補酵素NADPHの産生（$NADP^+$の還元型），食物中のリボースやデオキシリボースなどのペントースの解糖系への導入が行われます．ペントースリン酸回路は解糖系の回り道のような代謝経路で，グリコーゲンの合成と同様にグルコース6-リン酸からスタートしますが，最終的に生じる物質もグルコース6-リン酸となります（図2-5）．

4. 脂質も合流してATPに

　脂質由来のグリセロールや脂肪酸も糖の代謝経路に導入されることによってATPの産生に役立てることができます（図2-5②）．

▶ グリセロールの利用

　グリセロールは，解糖系の途中で生じる物質（代謝産物）※8に変化するため，ATP産生の材料として利用することができます．

※8　解糖系への導入：グリセロール3-リン酸を経てジヒドロキシアセトンリン酸となり解糖系に入ります（図2-6⑤）．
※9　β酸化（β oxidation）：アシルCoAのβ部位（2番目）の炭素が酸化される反応系です．
※10　β酸化の回数：例えば，炭素数16の脂肪酸（パルミチン酸）1つがすべてアセチルCoAになるためには，7回のβ酸化が必要となります．その結果，NADH，$FADH_2$が7つとアセチルCoAが8つ生じます．

▶ 脂肪酸の利用

　脂肪酸はATPのエネルギーを使ってCoAと結合し，**アシルCoA**とよばれる物質となってミトコンドリア内に入ります（脂肪酸の部分は「アシル基」とよばれます）．アシルCoAは，ミトコンドリア内で**β酸化**※9とよばれる一連の反応をくり返し複数のアセチルCoAに分解されます（図2-9）．1つの脂肪酸を1回β酸化するとNADH，$FADH_2$，アセチルCoAが1つずつ生じます（NAD^+，FADが還元され，アセチルCoAが切り離されます）※10．生じたNADHと$FADH_2$は，電子伝達系で利用されます．また，アセチルCoAは，クエン酸回路の代謝経路に入り込んでGTP，NADH，$FADH_2$の産生に使われます．

▶ ケトン体

　脂肪酸の分解で生じたアセチルCoAから，主に肝臓で**ケトン体**※11とよばれる物質がつくられます．これらのケトン体は血流により肝臓以外の組織の細胞に移動し，アセチルCoAに変化してクエン酸回路で

※11　ケトン体（ketone body）：アセト酢酸，3-ヒドロキシ酪酸，アセトンの総称です．アセト酢酸は血中で非酵素的に分解され，アセトンを生じます．

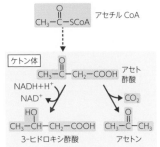

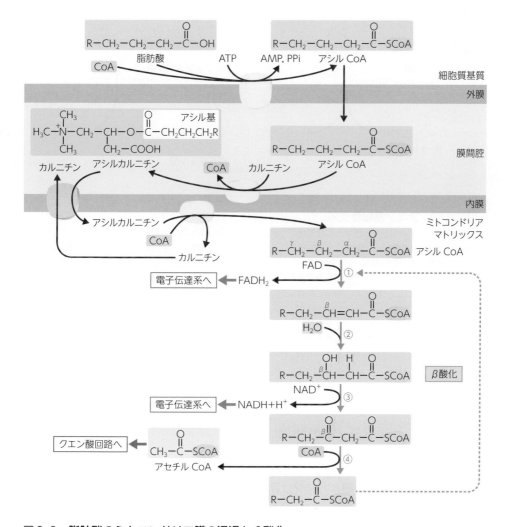

図2-9 脂肪酸のミトコンドリア膜の通過とβ酸化

脂肪酸はCoAと結合して，アシルCoA（脂肪酸＋補酵素A）となり，ミトコンドリア外膜を通過します．その後，内膜を通過する際に，CoAの代わりにカルニチンと結合し，アシルカルニチンとなります．ミトコンドリア内（マトリックス）で再びCoAと結合し，アシルCoAとなります．β酸化（①～④の一連の反応）のたびにアシルCoAから，FADH₂，NADH，アセチルCoAが生じます．FADH₂，NADHは電子伝達系で利用され，アセチルCoAはクエン酸回路で利用されます．参考文献6をもとに作成.

利用されます．また，ケトン体の一部（アセト酢酸と3-ヒドロキシ酪酸）は酸性のカルボキシ基（－COOH）をもつため，血液のpHに影響します．

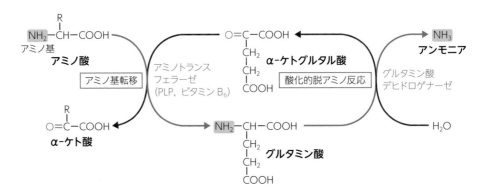

図2-10 アミノ基転移反応
アミノ酸がアミノ基を受け渡すと，α部位（1番目）の炭素がケトン基（＞C＝O）となり，α-ケト酸とよばれます．もともとアミノ酸がもっていたアミノ基はグルタミン酸を介してアンモニアとして脱離します．アミノ基転移にかかわる酵素（アミノトランスフェラーゼ）は，補酵素としてピリドキサールリン酸（PLP，ビタミンB₆）を利用します．参考文献6をもとに作成．

5. タンパク質も合流してATPに

タンパク質由来のアミノ酸も，糖の代謝経路へ導入されてATP産生に役立てることができます（図2-5③）[12]．

▶ アミノ酸の利用

アミノ酸は，酵素の働きにより，アミノ基（− NH₂）を**α-ケトグルタル酸**などに受け渡して**α-ケト酸**[13]とよばれる物質になります（図2-10）．このアミノ酸由来のα-ケト酸は，グルコースの合成につながるピルビン酸やケトン体の合成につながるアセチルCoA（もしくはアセトアセチルCoA）へ変化して利用されます（図2-5）．

※12 アミノ酸由来の化合物：アミノ酸はさまざまな体内物質の材料となります．核酸の成分である塩基（A，T，G，C，U）や，脳や筋肉でATPの貯蔵にかかわるクレアチンなどもアミノ酸をベースに合成されます．アミノ酸の1種であるチロシン（tyrosine）は，サイロキシン（チロキシン，thyroxine：T₄）やアドレナリン（adrenaline）などのホルモンの原料になります．

※13 α-ケト酸（α-keto acid）：α-ケト酸とはα部位（1番目）の炭素にケトン基のある物質のことで，ピルビン酸やクエン酸回路で代謝される物質のいくつかがこれにあてはまります．

必須脂肪酸と必須アミノ酸

脂肪酸の合成はアセチルCoAを原料として行われますが，合成できない，あるいは合成量が少ないとされる脂肪酸は食物から摂取する必要があります．これらの脂肪酸は必須脂肪酸（essential fatty acid）とよばれ，リノール酸，α-リノレン酸，アラキドン酸などがあげられます．魚類などに含まれるEPAやDHAも必須脂肪酸に分類されることがあります．

アミノ酸についても食物から摂取する必要のあるものを必須アミノ酸（essential amino acid）とよび，一般的にイソロイシン，スレオニン（トレオニン），トリプトファン，バリン，ヒスチジン，フェニルアラニン，メチオニン，リシン（リジン），ロイシンの9種類とされます．

このなかでピルビン酸となるアミノ酸は糖のもととなるアミノ酸という意味で**糖原性アミノ酸**、アセチルCoA（アセトアセチルCoA）となるアミノ酸はケトン体の元となるアミノ酸という意味で**ケト原性アミノ酸**とよばれます[14].

一方，α-ケトグルタル酸はアミノ基を受けとると**グルタミン酸**となります（アミノ基転移反応，図2-10）．グルタミン酸からアミノ基（-NH$_2$）がアンモニアNH$_3$として離れると（酸化的脱アミノ反応，図2-10），再びα-ケトグルタル酸となってアミノ酸からアミノ基を受けとることができるようになります（図2-10）．

▶ オルニチン回路

体にとって有害となるアンモニアは，**オルニチン回路（尿素回路）**により無毒な尿素に変えられて体外へ排出されます．オルニチン回路の反応は肝臓の細胞にあるミトコンドリアと細胞質とを行き来する代謝経路です．オルニチン回路ではアンモニアの処理を行うとともに，必要な物質をクエン酸回路の反応を利用して得ています（図2-5）[15].

- 糖原性アミノ酸＝glucogenic amino acid
- ケト原性アミノ酸＝ketogenic amino acid

※14　糖原性アミノ酸とケト原性アミノ酸：タンパク質を合成する20種類のアミノ酸のうち，リシンとロイシン以外の18種類は糖原性アミノ酸に分類されます．リシン，ロイシン，イソロイシン，トリプトファン，フェニルアラニン，チロシンの6種類はケト原性アミノ酸に分類され，リシンとロイシン以外の4種は，糖原性アミノ酸にも分類されます．

- 尿素回路＝urea cycle

肝臓はアンモニアを
解毒するんだね！

※15　オルニチン回路とクエン酸回路：オルニチン回路とクエン酸回路は，ともにハンス・クレブス博士によって発見された反応系です．そのため，クエン酸回路はクレブス回路ともよばれます．

練 習 問 題

ⓐ 糖代謝（→図2-5〜8）

❶ 解糖系について，好気条件下で多く産生される物質はピルビン酸と乳酸のどちらか答えてください．

❷ クエン酸回路の反応は，細胞質とミトコンドリアどちらで行われるか答えてください．

❸ ミトコンドリアにみられる水素イオン（H^+）の濃度勾配を利用したATP産生を行う代謝経路の名前を答えてください．

❹ 解糖系やクエン酸回路の代謝産物からグルコースを合成する代謝経路の名前を答えてください．

❺ 肝臓や筋肉に多く蓄えられる動物におけるグルコースの貯蔵型とされる物質の名前を答えてください．

❻ DNAやRNAの原料となるリボース5-リン酸の合成が行われる代謝経路の名前を答えてください．

ⓑ 糖代謝への脂質，タンパク質の導入（→図2-5, 9）

❶ 脂肪酸と補酵素Aが結合したアシルCoAが分解されてアセチルCoAとなるミトコンドリア内の代謝経路の名前を答えてください．

❷ 肝臓でアセチルCoAから合成されるアセト酢酸，それらの代謝によって生じる3-ヒドロキシ酪酸，アセトンの3種類の物質をまとめて何とよぶか答えてください．

❸ アミノ基転移反応によってピルビン酸（グルコース）まで変化する可能性があるアミノ酸をまとめて何とよぶか答えてください．

❹ アンモニアを毒性のない尿素へ変える肝臓の代謝経路の名前を答えてください．

ⓐ ❶ ピルビン酸

細胞質で行われる解糖系の反応では，好気条件下ではピルビン酸が多く産生され，クエン酸回路の反応に利用されます．

❷ ミトコンドリア

❸ 電子伝達系

クエン酸回路，電子伝達系はともにミトコンドリア内の代謝経路です．クエン酸回路では CO_2 が排出され，電子伝達系の反応には酸素 O_2 を必要とし，水 H_2O が産生されます．

❹ 糖新生

糖新生の反応は肝臓（や腎臓）で行われ，解糖系やクエン酸回路の代謝産物からグルコースが合成されます．

❺ グリコーゲン

余分なグルコースの一部はグリコーゲンとして蓄えられます．

❻ ペントースリン酸回路

ペントースリン酸回路では，リボース 5-リン酸や NADPH が生産されます．

ⓑ ❶ β 酸化

脂質由来の脂肪酸は，ミトコンドリア内で行われる β 酸化によりアセチル CoA となります．

❷ ケトン体

アセチル CoA の一部は肝臓でケトン体となって血流によって他の組織へ運ばれた後，再びアセチル CoA に変化してクエン酸回路の反応に利用されます．

❸ 糖原性アミノ酸

アミノ酸はアミノ基転移反応によってアミノ基（ $-NH_2$ ）がとれて α-ケト酸となり，クエン酸回路に導入されることがあります．

❹ オルニチン回路（尿素回路）

アミノ基から生じた有毒なアンモニア（ NH_3 ）は，オルニチン回路で尿素へと変換されます．

1. 血液と免疫

学習の
ポイント！

● 血液の機能と組成について理解しよう

● 生体の防御機構について理解しよう

重要な用語

血液

血管内を流れる血漿と血球からなる赤色の液体のこと．物質輸送，体内環境調節，生体防御などの機能をもつ．

血球

血液に含まれる有形成分（細胞成分）のこと．酸素運搬などにかかわる赤血球，血液凝固や止血などにかかわる血小板，生体防御や免疫反応などにかかわる白血球がある．

自然免疫

生まれつき備わっている異物の侵入・増殖を防ぐメカニズムのこと．皮膚や粘膜などによる物理的・化学的防御，好中球やマクロファージの貪食などによる生物的防御がある．

獲得免疫

後天的に獲得する侵入・増殖した特定の異物に対して働くメカニズムのこと．抗体産生を中心とした体液性免疫，細胞傷害性T細胞の攻撃による細胞性免疫がある．

1. 血液ってどんなもの？

皮膚などの一部の細胞は外気に触れていますが（体外環境），大部分の細胞は外気には触れず**体液**に浸されています（体内環境）．体液は，組織に直接触れている**組織液**，血管内を流れる**血液**，リンパ管内を流れる**リンパ液**に分けられます．第3章では，血液の循環と調節に着目します．まずは，血液の機能と組成についてみていきましょう．

● 組織液 = tissue fluid
● 血液 = blood
● リンパ液 = lymph
● 循環 → 3章2

▶ 血液の機能

血液は血管内を通って体内を循環し，①酸素，二酸化炭素，栄養素，代謝産物（老廃物），ホルモンなどの物質輸送，②pHや体温などの体内環境調節，③**免疫**や**血液凝固**などによる生体防御に重要な役割を果たしています（表3-1）．

● 免疫 = immunity
● 血液凝固 = blood clotting, 凝固 : coagulation

▶ 血液の組成

血液は，液体成分である**血漿**と有形成分（細胞成分）である**血球**に分けられます（図3-1A）．

● 血漿 = blood plasma
● 有形成分 = formed element
● 血球 = blood cells

● 血漿

血漿は血液の約55％を占めており，血漿の90％以上は水で，その他にタンパク質（血漿タンパク質），ミネラル（無機塩類），栄養素（脂質，糖質，アミノ酸，ビタミン），代謝産物（老廃物：尿素，尿酸など），ガス成分（酸素，二酸化炭素），ホルモンなどを含みます（図3-1B，表3-1）．

● ホルモン → 4章4

表3-1 血液成分の主な機能と組成

液体成分	主な機能	構成成分
血漿	栄養素やホルモンの運搬，pHや体温の調節，免疫や血液凝固	水，タンパク質，ミネラル，栄養素，代謝産物など

有形成分 （細胞成分）		主な機能	数（/mm³）	核の有無
血球	赤血球	酸素運搬	成人男性：410〜530万	無
			成人女性：380〜480万	
	血小板	血液凝固・止血	15〜35万	無
	白血球	生体防御・免疫	4,300〜8,000	有

血液を構成する要素は，液体成分（血漿）と細胞成分（血球）に分けられます．血球には赤血球，血小板，白血球があり，赤血球が大多数を占めています．

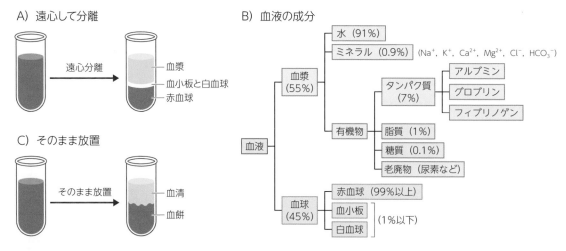

A) 遠心して分離

遠心分離 → 血漿／血小板と白血球／赤血球

C) そのまま放置

そのまま放置 → 血清／血餅

B) 血液の成分

血液 ─ 血漿（55%） ─ 水（91%）
ミネラル（0.9%）(Na$^+$, K$^+$, Ca^{2+}, Mg^{2+}, Cl$^-$, HCO$_3^-$)
有機物 ─ タンパク質（7%）─ アルブミン／グロブリン／フィブリノゲン
脂質（1%）／糖質（0.1%）／老廃物（尿素など）

血球（45%）─ 赤血球（99%以上）／血小板／白血球（1%以下）

図3-1　血液の成分
血液は，血漿と血球（赤血球，血小板，白血球）に分けられます．血液を放置した際に得られる血餅には，血球と血液凝固成分が含まれます．参考文献9をもとに作成．

● 赤血球＝ red blood cell：RBC, erythrocyte
● 血小板＝ platelet，栓球
● 白血球＝ white blood cell：WBC, leukocyte
※1　ヘマトクリット値〔hematocrit (Ht) 値〕：血液のうち，血球の占める容積の割合をヘマトクリット値といいます．これは，血液中に赤血球が占める割合とほぼ同じです．血球数やヘモグロビン濃度とともに，貧血の指標として使われます．
● 血餅＝ blood clot
● 血液凝固，凝固成分 →p78 advance
※2　血清（serum）：血漿からフィブリンなどの凝固成分を除いたものに相当します．

● 血球

　血球は血液の約45%を占めており，**赤血球**●，**血小板**●，**白血球**●の3種類に分けられます（図3-1B，表3-1）．血球のなかでは赤血球が最も多く，全血球の体積の99%以上を占めています※1．

● 血餅と血清

　採血した血液をそのまま放置すると血液凝固が起こり，血液中の血球と凝固成分（フィブリンなど）が**血餅**●として分離します●．このとき，凝固しない液体（上澄み部分）は**血清**※2とよばれます（図3-1C）．

採血中……

2. 血球はどうやってできるの？

▶ 血球の発生と分化

※3　造血（hemopoiesis, hematopoiesis）：骨髄ができる前の胎生初期では卵黄嚢，次いで肝臓・脾臓などで造血が行われます．
● 赤色骨髄＝ red bone marrow
※4　造血幹細胞（hemopoietic stem cell，血球芽細胞）：すべての血球に分化する能力をもつものは多能性幹細胞（pluripotent stem cell）ともよばれます．

　血球を新たにつくることを**造血**※3といいます．造血は，骨髄に存在する**赤色骨髄**●とよばれる組織で主に行われます．
　赤色骨髄は，**造血幹細胞**※4とよばれる細胞をわずかに含みます．

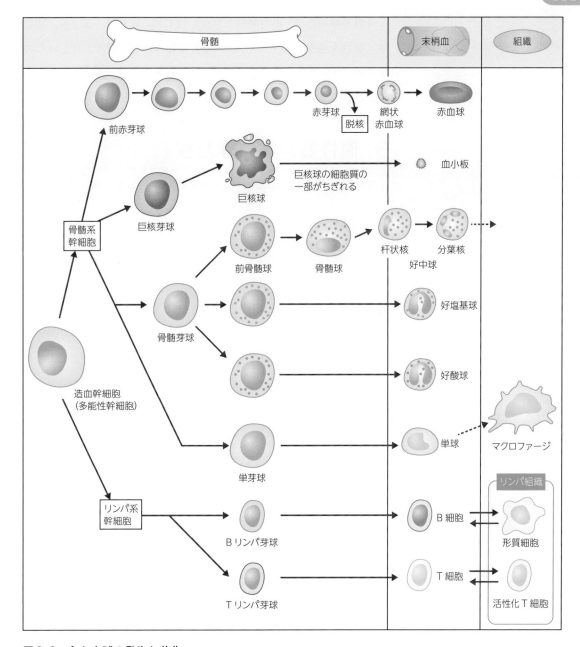

図3-2 主な血球の発生と分化

血球は，主に赤色骨髄にある造血幹細胞（多能性幹細胞）から分化します．好中球，好塩基球，好酸球はまとめて顆粒球とよばれます．参考文献9をもとに作成．

造血幹細胞は血球をつくるもとであり，リンパ球以外の血球のもととなる**骨髄系幹細胞**とリンパ球のもととなる**リンパ系幹細胞**に分化します（図3-2）．

● 骨髄系幹細胞＝ myeloid stem cell
● リンパ系幹細胞＝ lymphoid stem cell

血球は骨髄で
つくられるんだね

●顆粒球, 単球 →本項3

骨髄系幹細胞は, 赤色骨髄で分化しはじめ, 赤血球, 血小板, 顆粒球, 単球を産生します[●]. リンパ系幹細胞は赤色骨髄で分化しはじめますが, リンパ球は後に胸腺などのリンパ系の組織・器官で成熟・活性化されます.

3. 個性豊かな血球たち

それぞれの血球の特徴を詳しくみていきましょう.

▶赤血球

● 赤血球の形態と機能

●ヘモグロビン＝hemoglobin（Hb）, 血色素

赤血球は核や細胞小器官をもたない直径約8 μm, 厚さ約2 μmの円盤状の細胞です. 赤血球は, 赤色の**ヘモグロビン**[●]というタンパク質をもちます（図3-3）. ヘモグロビンは, ヘムとよばれる鉄（Fe）を含む色素とグロビンというポリペプチドからなります. 酸素はこのヘモグロビンに結合することで, 全身へ運ばれます. 赤血球の中央部は凹んでいて表面積が大きくなっているため, 酸素などの気体の交換（ガス交換）が効率よくできます. また, 弾力性があって変形しやすいため, 狭い毛細血管を通り抜けやすくなっています.

小さくて やわらかいんです

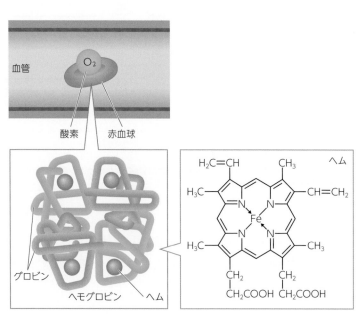

血管
O₂
酸素　赤血球

グロビン
ヘモグロビン　ヘム

ヘム

$H_2C=CH$　CH_3
H_3C　$CH=CH_2$
H_3C　CH_3
CH_2　CH_2
CH_2COOH　CH_2COOH

図3-3　ヘモグロビン

● 赤血球の破壊と再利用

赤血球の寿命は120日ほどです．変形しにくくなった赤血球は，脾臓や肝臓などに存在するマクロファージに貪食されて破壊されます（図3-4）[5]．破壊された赤血球に含まれていたヘムのFeは，新しい赤血球のヘモグロビン合成などに再利用され，ヘムのその他の部分は**ビリルビン**®という色素になります．ビリルビンは胆汁に含まれる色素で，最終的に便や尿として排泄されます（一部は再吸収されます）[6]．グロビンはアミノ酸に分解され，体内のタンパク質合成に再利用されます．

▶ 血小板

● 血小板の形態

血小板は，造血幹細胞（骨髄系幹細胞）から分化した巨核球の一部が分離した細胞質の断片です．直径3 μmほどで核をもちませんが，血液凝固を促進する物質を含む顆粒をもっています．

● 血小板の機能

血小板は，傷ついた血管をふさぐ**血小板血栓**®を形成します（図3-5）．血管壁が損傷して露出したコラーゲン線維（線維状タンパク質）に血小板がもつ糖タンパク質が粘着します．すると血小板が集まって血小

※5　溶血（hemolysis）：赤血球が何らかの原因で破壊されることを溶血といいます．

● ビリルビン＝bilirubin

※6　腸肝循環：胆汁は十二指腸に排出されて脂質の消化を促進します．胆汁に含まれているビリルビンや胆汁酸の一部は腸管から吸収され，門脈を通って肝臓に戻り，再び胆汁に含まれます．このサイクルは腸肝循環とよばれます．

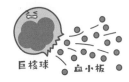

● 血小板血栓＝platelet plug

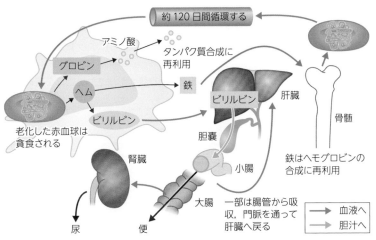

図3-4　破壊された赤血球成分の利用
赤血球はつくられてから120日ほどで，脾臓や肝臓のマクロファージによって破壊されます．ヘムに含まれる鉄やグロビンを構成するアミノ酸は体内で再利用されます．参考文献1をもとに作成．

77

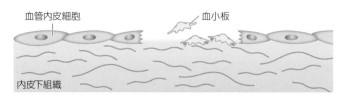

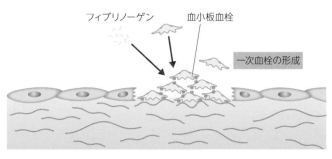

図3-5　血小板血栓
血小板の顆粒中に含まれる物質やフィブリノーゲンにより血小板同士が次々に
付着していきます．参考文献23をもとに作成．

板同士が次々に付着〔凝集（血小板凝集）〕し，傷ついた部分をふさ
ぎます．

　血小板の寿命は7日ほどで，赤血球と同様に脾臓や肝臓などに存在
するマクロファージによって貪食されます．

advance

血液凝固と線溶

　血管が傷ついた際に出血を止めるからだの働き（**止血**[●]）には，血小板血栓
に加えて，血管収縮と血液凝固があります．

　血管収縮は，痛みや組織損傷による反射，血小板や損傷組織から放出される
物質によって起こるとされており，血管を狭くすることによって一時的に出血
を抑えます．

　血液凝固は，**フィブリン**[●]とよばれるタンパク質が形成され，血球を絡めとっ
て血餅が形成される反応です．

　トロンビン[●]とよばれる酵素が，血漿中の水に可溶な**フィブリノーゲン**[●]を水
に不溶なフィブリンに変えます．トロンビンは，プロトロンビン[●]とよばれる
因子が活性化されたもので，活性化されると酵素として働きます．

　この血液凝固の反応には多数の凝固因子がかかわる2通りの経路があること

● 止血 = hemostasis

● フィブリン = fibrin，線維素

● トロンビン = thrombin
● フィブリノーゲン = fibrinogen
● プロトロンビン = prothrombin

が知られています（外因性と内因性）．外因性の経路では損傷した組織から放出された物質（組織トロンボプラスチン）によって，内因性の経路では露出したコラーゲンに血液中の凝固因子が接触することによって反応が開始されます．血小板から放出されるリン脂質は内因性の経路の促進やプロトロンビンの活性化に必要となります．また，血液凝固の反応の多くにカルシウムイオン（Ca^{2+}）が必要となります．

　血管が修復されると凝固した血液（血餅）を取り除く**線溶**（**線維素溶解**，フィブリン溶解[*]）が起こります．線溶では，**プラスミン**[*]とよばれる酵素がフィブリンを分解します．血管の内側を覆う細胞（血管内皮細胞）から分泌される物質によって，血漿中のプラスミノーゲンが活性化されてプラスミンに変化し，酵素として働きます．

● フィブリン溶解＝fibrinolysis
● プラスミン＝plasmin

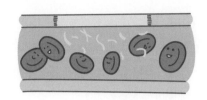
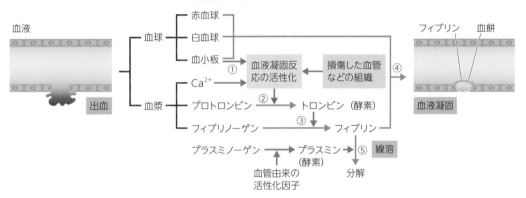

① 血管が傷付くと傷口に血小板が集まって傷口を一時的にふさぐ．血小板から血液凝固因子が放出される．また，血漿中の Ca^{2+} とそのほかの血液凝固因子によって血液凝固が活性化される．
② 血漿中のプロトロンビンが，①で活性化された血液凝固因子によってトロンビン（酵素）になる．
③ トロンビンが，血漿中のフィブリノーゲンをフィブリンに変化させる．
④ フィブリンが血球に絡みついて血餅をつくり傷口をふさぐ．
⑤ 血餅は，プラスミンの働きでやがて溶解する．
参考文献 24 をもとに作成．

▶白血球

　白血球は，骨髄系幹細胞から分化した**顆粒球**[*]と**単球**[*]，リンパ系幹細胞から分化した**リンパ球**[*]に分けられます（図3-2，6）[※7]．白血球は，赤血球や血小板とは異なり核をもちます．白血球は体内に侵入した異物に対して，細胞内に取り込んで酵素による消化や活性酸素による破壊を行う**貪食**[*]や，抗体の産生[*]などによる生体防御を行います．白血球の寿命は，一部を除いて数日ほどで，脾臓などで貪食されます．

● 顆粒球＝granular leukocyte, granulocyte
● 単球＝monocyte
● リンパ球＝lymphocyte
※7　無顆粒球（agranulocyte）：単球とリンパ球は無顆粒球ともよばれます．

● 貪食＝phagocytosis, 食作用
● 抗体の産生　→本項7

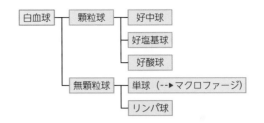

図3-6　白血球の分類
白血球には，骨髄系幹細胞から分化した顆粒球・単球，
リンパ系幹細胞から分化したリンパ球が含まれます.

● 好中球 = neutrophil
● 好塩基球 = basophil
● 好酸球 = eosinophil

　顆粒球は，細胞質中に多数の顆粒をもち，**好中球**[●]，**好塩基球**[●]，**好酸球**[●]の3種類に分類されます（図3-2, 6）．顆粒球の割合は白血球全体の65％ほどを占め，顆粒球のなかでは好中球が約95％，好塩基球が約1％，好酸球が約4％を占めます.

● 好中球

　好中球は，成熟した細胞では2〜5葉に分かれた核（分葉核）をもちます（図3-2）[※8]．アメーバのように偽足を出して移動可能で（運動能，遊走能），組織の損傷部位，病原体の感染部位に移動し，細菌や真菌などを貪食します．血管内だけでなく血管外の組織でも貪食を行います.

※8　杵状核：幼若な好中球は杵状核とよばれる棒のような形の核をもちます.

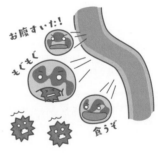

● 好塩基球

　好塩基球は，2葉に分かれた核（2分葉核）をもちます（図3-2）．好塩基球にある顆粒には**炎症**[●]を引き起こす物質（ヒスタミンなど）が含まれており，炎症反応にかかわります[●].

● 炎症 = inflammation

● アレルギー反応とのかかわり　→本項6

● 好酸球

好酸球は，2葉に分かれた核（2分葉核）をもちます（図3-2）．好酸球にある顆粒には寄生虫を傷害する物質や炎症反応を調節する物質（抗炎症物質など）が含まれており，寄生虫の消化などにかかわります[9]．

※9 好酸球の増加：アレルギー疾患などでも増加します．

好酸球！

● 単球

単球は，中央が少し凹んだ形の核をもちます（図3-2）．割合は白血球全体の約5％を占めます．血管外の組織に出た単球は大きくアメーバ状になり，**マクロファージ**とよばれるようになります．マクロファージは好中球よりも強い貪食作用をもち，貪食した異物の情報をリンパ球に伝える役目もあります．マクロファージの寿命は数カ月〜数年と長く，脾臓，肝臓，脳，肺胞などさまざまな組織に存在しています．

● マクロファージ＝macrophage，大食細胞

● 抗原提示 →本項7

すごい食べるわ おなかすいた！

マクロファージ！

● リンパ球

リンパ球は，白血球全体の約30％を占め，大きな核をもちます．T細胞やB細胞などいくつかの種類があり，獲得免疫の中心的な役割を果たします．詳しくは，以降の免疫の紹介の際に触れます．

4. からだを守るしくみ

ここからは，病原体などの異物からからだを守るしくみを紹介していきます．

▶生体防御機構

細胞や組織の活動に適した体内環境は，細菌，菌類，ウイルスなどの病原体の活動にとっても好ましい環境となる場合があります．

● 病原体＝pathogen

快適そうだぞ♥

● 食細胞 = phagocyte，貪食細胞
※10　自然免疫（innate immunity，
natural immunity，非特異的生体防御）：
物理的・化学的防御を自然免疫に含まない
考え方もあります．

● 獲得免疫 = adaptive immunity，
　acquired immunity，後天性免疫
● 体液性免疫 = humoral immunity
● 細胞性免疫 = cellular immunity

からだには，病原体などの異物に対する防御機構が備わっていて，その侵入や増殖を防いでいます．

生体防御機構には，いくつもの段階や種類が存在します（表3-2）．

体内への異物の侵入阻止には，皮膚や粘膜による**物理的防御**と**化学的防御**が働きます．皮膚や粘膜のバリアによって侵入を防いだり，せきやくしゃみによって外に追い出したり，胃酸で殺菌したりするなどし，異物を排除します．

異物が体内に侵入してしまった場合には，好中球やマクロファージなどの**食細胞**による貪食や，炎症，発熱などによって対応します．これらの働きは，多くの動物に生まれつき備わっていることから**自然免疫**※10とよばれています．自然免疫はさまざまな病原体に対し，迅速に働きます．

自然免疫に対して，体内に侵入してきた病原体に対して特異的に攻撃する生体防御機構は，後天的に成立することから**獲得免疫**とよばれます．獲得免疫は，病原体の情報がリンパ節に伝わることからはじまり，抗体とよばれる飛び道具が使われる**体液性免疫**とリンパ球による攻撃が起こる**細胞性免疫**があります．

次にそれぞれの防御機構について詳しくみていきましょう．

第一防衛ライン
突破されました!

待ってろ! リンパ節に
伝えてくる!

表3-2　生体防御機構の概要

	種類	働く場所	働きの概要
自然免疫 （非特異的防御）	物理的・化学的防御	体表	進入阻止（排除）・分解
	生物的防御		貪食・炎症
獲得免疫 （特異的防御）	体液性免疫	体内	抗体産生
	細胞性免疫		感染細胞などの破壊

生体防御機構には，生まれつき全般的に働く非特異的なもの（自然免疫）と特定の病原体に反応する特異的なもの（獲得免疫）があります．自然免疫で対応しきれない場合には，獲得免疫も働きます．

5. 侵入を阻止するバリアと化学攻撃

▶ 物理的・化学的防御

体内への異物の侵入の多くは，皮膚や粘膜などによる物理的・化学的防御によって防がれています．

● 皮膚によるバリア

皮膚の一番外側は，死んだ細胞が重なって密になっている角質層からなり，物理的に病原体などの異物の侵入を防いでいます．また，古い細胞が垢となってはがれ落ちることで，皮膚に付いた異物は除去されます．

● 分泌による化学攻撃

皮膚に分泌される皮脂や汗は酸性であるため，病原体が繁殖しにくい環境になっています[11]．汗・唾液・涙や，消化管・気管支[12] などから分泌される粘液は，細菌の細胞壁を破壊する**リゾチーム**とよばれる酵素や抗菌性の物質を含んでおり，異物を破壊し，体外へ流し出します（排出）[13]．

せきやくしゃみなどによっても，異物の付着した粘液が体外に排出されます．病原体を飲み込んでしまった場合は，強酸性の胃液によって大部分の病原体は殺菌されます．病原体が消化管の先に進んでしまった場合には，大腸に多数定着している非病原性細菌によって，病原体の定着が困難になっています．

[11] 常在細菌：皮膚の常在細菌は脂肪酸をつくり出し，女性の膣の常在菌は乳酸をつくり出すため，酸性環境を保つ働きを担っています．

[12] 気管支：気管支粘膜の細胞は細かい線毛をもち，粘液による異物の排出がされやすくなっています．

● リゾチーム＝lysozyme

[13] 排出：異物を流して排出する働きには，他に嘔吐，排便，排尿などもあります．

6. 連絡を取り合って，病原体を貪食

▶生物的防御

●好中球，マクロファージ

組織の損傷などによって物理的・化学的防御を突破した病原体に対しては，主に好中球やマクロファージといった食細胞が貪食によって対応します.

損傷された組織は炎症反応を起こし，組織内の**肥満細胞**からヒスタミン[14]などの炎症性物質が放出されます（図3-7）. ヒスタミンは血管壁の細胞同士の結合をゆるめることで，血管を拡張し，血管透過性の亢進を引き起こします. 血管の拡張によって血流が増加し[15]，

● 肥満細胞＝マスト細胞：mast cell

※14　ヒスタミン (histamine)：好塩基球や血小板もヒスタミンを放出します.

※15　血流の増加：発赤（皮膚が赤くなる）・発熱（熱が出る）を生じます.

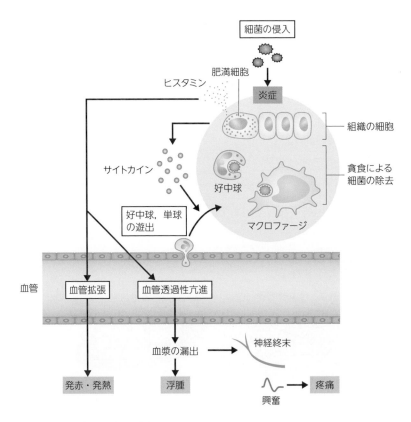

図3-7　炎症と生物的防御
損傷した組織の炎症により，好中球やマクロファージが誘導されます. 組織が傷害されると，細菌の侵入に対抗するために，肥満細胞などから放出されたヒスタミンおよび，炎症を起こした組織から放出されたサイトカインにより好中球やマクロファージが集まり，貪食により細菌を除去します. また，ヒスタミンなどにより，炎症の徴候（発赤・発熱・浮腫・疼痛）が起こります. 参考文献9をもとに作成.

組織の修復を促進させます．血管透過性の亢進によって血漿は組織へ漏れ出し[16]，好中球や単球は血管壁を通り抜けやすくなります．また，血液凝固によって傷口はすばやくふさがれます．炎症を起こした組織などから放出される物質[17]や病原体の産出した物質[18]などにより，好中球やマクロファージは誘導され，炎症部位に集結します．

● NK細胞

ウイルスなどが感染した細胞に対してはリンパ球の一種である**NK細胞**[19]が作用します．NK細胞は体内をパトロールして，自己の正常な細胞とその他の細胞を見分け，感染細胞の細胞膜を破壊し，アポトーシス（プログラムされた細胞死）を誘導するタンパク質（パーフォリンやグランザイム）を放出して攻撃します．

※16　血漿の漏出：浮腫（むくみが起こる）・疼痛（痛みがでる）が生じます．

※17　放出される物質：細胞間の情報伝達にかかわるサイトカイン（cytokine）とよばれる物質群など．

※18　細菌の毒素：細胞からの発熱誘導物質の遊離につながることがあります．体温上昇により代謝が促進され，サイトカイン（特にインターフェロンとよばれるもの）の効果も高まります．

※19　NK細胞（ナチュラルキラー細胞：natural killer cell）：NK細胞は，一部のがん細胞，他個体から移植された細胞なども攻撃することが知られています．

7. 特殊兵器に特殊部隊！ 抗体と細胞傷害性T細胞

▶ 獲得免疫と抗原提示

これまでの自然免疫で排除しきれなかった異物に対しては，獲得免疫が働きます（図3-8）．獲得免疫を引き起こす異物は**抗原**®とよばれます[20]．リンパ球の一種である樹状細胞，マクロファージは，貪食によって抗原を細胞内に取り込みます．そして全身に存在するリンパ節®に移動し，取り込んだ抗原の一部を細胞表面に提示します（**抗原提示**®）[21]．提示された情報は，T細胞（細胞傷害性T細胞とヘルパーT細胞）やB細胞とよばれるリンパ球によって認識されます[22]．

● 抗原＝ antigen

※20　アレルギーとアレルゲン：過剰な獲得免疫がからだに不都合に働くことをアレルギー（allergy）とよびます．アレルギー反応を起こす抗原は特にアレルゲン（allergen）とよばれます．アレルゲンとなる物質は個人によって異なり，花粉，食品，薬剤などがあります．

● リンパ節　→ 3章2-4

● 抗原提示＝ antigen-presentation

※21　抗原提示細胞（antigen-presenting cell：APC）：抗原提示細胞には樹状細胞，マクロファージのほか，B細胞も含まれます．

※22　名前の由来：B細胞は骨髄（Bone Marrow），T細胞は胸腺（Thymus）で分化することが名前の由来になっています．

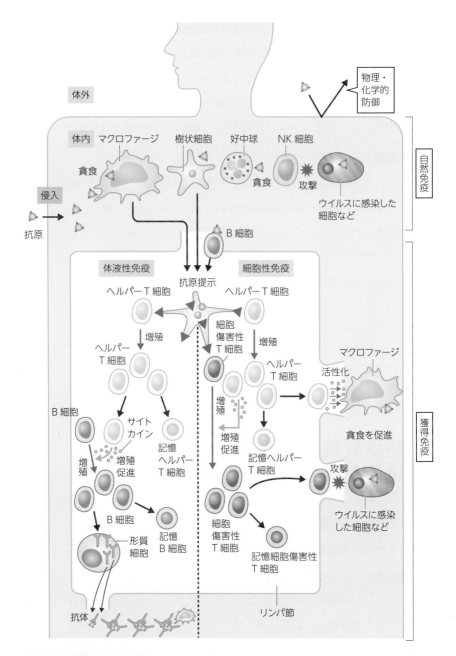

図 3-8　獲得免疫の概要

自然免疫で排除しきれなかった異物に対しては，獲得免疫が働きます．B細胞が活性化・分化してできた形質細胞が抗体を産生し（体液性免疫），細胞傷害性T細胞は感染細胞を直接攻撃します（細胞性免疫）．参考文献25をもとに作成．

▶体液性免疫

　　抗原を認識した**B細胞**は活性化されて，リンパ節で増殖・分化し，その大部分は**形質細胞**となります．形質細胞は，抗原に対応した

● 形質細胞＝ plasma cell，抗体産生細胞

抗体^{※23}とよばれるタンパク質を生産，放出します.

抗体は抗原に特異的に結合（**抗原抗体反応**）して感染力や毒性を弱め（**中和**°），マクロファージなどの食細胞の貪食作用を促進します. また，**捕体**とよばれる血漿中のタンパク質が活性化され，病原体の細胞膜に穴をあけて融解させたり，食細胞をひきつけ，炎症反応を増幅したりします.

このような抗体が中心となる抗原排除は，**体液性免疫**°とよばれます（図3-8）^{※24}.

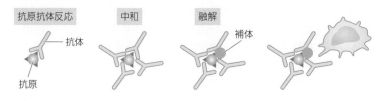

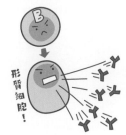

※23 抗体（antibody）：抗体は免疫グロブリン（immunoglobulin：Ig）というタンパク質のグループで，それぞれの抗原に対応したさまざまな種類が存在します.
● 中和＝neutralization
● 捕体＝complement

● 体液性免疫＝液性免疫：humoral immunity，抗体媒介性免疫，抗体介在性免疫：antibody-mediated immunity
※24 血清療法（serotherapy）：あらかじめ毒素や病原菌をウマやウサギなどの動物に接種し，つくられた抗体を含む血清を注射する治療法を血清療法とよびます.
● 細胞傷害性T細胞＝cytotoxic T cell

▶ 細胞性免疫

抗原提示を受けた**細胞傷害性T細胞**（キラーT細胞）°は，リンパ節で増殖・活性化します. リンパ節から移動した細胞傷害性T細胞は，細胞表面の情報から感染細胞を認識してくっつき，NK細胞と同様に感染細胞を直接攻撃・破壊します.

このような細胞傷害性T細胞による感染細胞の排除は，**細胞性免疫**°とよばれます（図3-8）.

● 細胞性免疫＝細胞媒介性免疫：cell-mediated immunity

▶ ヘルパーT細胞の働き

体液性免疫，細胞性免疫は，ともに抗原提示を受けた**ヘルパーT細胞**°による補助を受けます. ヘルパーT細胞は，サイトカイン^{※25}を産生し，同じ抗原を認識するB細胞を活性化したり（体液性免疫の促進），同じ抗原に対応する細胞傷害性T細胞を活性化したり（細胞性免疫の促進），マクロファージなどの食細胞を活性化したりします（図3-8）.

● ヘルパーT細胞＝helper T cell：Th
※25 ヘルパーT細胞が産生するサイトカイン：インターロイキンやインターフェロンとよばれるものなどがあります.

▶ 免疫記憶

抗原がすべて排除されると獲得免疫にかかわる細胞はほとんどなくなりますが，B細胞，細胞傷害性T細胞，ヘルパーT細胞の一部は**記憶細胞**°（図3-8）として残ります. そのため，はじめて抗原が侵入した際には獲得免疫の成立に一週間以上を要しますが（一次応答），

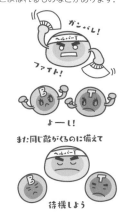

● 記憶細胞＝memory cell

ふたたび同じ抗原が侵入した際には短時間で強力な応答が起こります（二次応答）．このしくみは**免疫記憶**[※26]とよばれています[※26].

advance

血液型

異なる血液型の血液を混ぜると，赤血球が集まってかたまりになる（凝集する）場合があります．これは抗原抗体反応の一種で，同じ種類の抗原と抗体が揃うと赤血球の凝集が起こります．

A型は赤血球の表面にA型（A抗原），B型はB型（B抗原），AB型はA型（A抗原）とB型（B抗原）の抗原（凝集原）をもちます（O型はどちらの抗原ももちません）．そして，それぞれが，自身のもたない抗原に対する抗体（凝集素）をもちます．つまり，A型はB型の抗体（抗B抗体），B型はA型の抗体（抗A抗体），O型はA型の抗体とB型の抗体（抗A抗体と抗B抗体）をもちます（AB型はどちらの抗体ももちません）．

例えば，A型の赤血球にA型の血清（抗B抗体が入っている）をかけても赤血球の凝集は生じません．しかし，A型の赤血球にB型の血清（抗A抗体が入っている）をかけると赤血球の凝集が生じます．このように，赤血球の凝集が起こることがあるため，輸血の際には，同じ種類の抗原と抗体がそろわないように注意する必要があります．

血液型 （表現型）	遺伝子型	凝集原 （抗原）	凝集素 （血清中の抗体）	赤血球の凝集	
				A型血清 （抗B抗体を含む）	B型血清 （抗A抗体を含む）
A	AA, AO	A抗原	抗B抗体	B型血清で凝集	
B	BB, BO	B抗原	抗A抗体	A型血清で凝集	
AB	AB	A抗原とB抗原	なし	A，Bどちらの血清でも凝集	
O	OO	A抗原も B抗原もなし	抗A抗体と 抗B抗体	A，Bどちらの血清でも 凝集しない	

赤血球の凝集は，それぞれの血液型の赤血球にA型血清（抗B抗体を含む血清）またはB型血清（抗A抗体を含む血清）を反応させた結果を示しています．参考文献9をもとに作成．

練 習 問 題

ⓐ 血液組成 （→図3-2, 表3-1）

❶ 血液中の液体成分は何とよばれるか答えてください.

❷ 血球のなかで最も数が多く，酸素の運搬にかかわる血球の名称を答えてください.

❸ 巨核球の一部が分離してできた血液凝固や止血にかかわる血球の名称を答えてください.

❹ 好中球や単球など，生体防御にかかわる血球をまとめて何とよぶか答えてください.

❺ 前述❷〜❹の血球のなかで，核を含まないものをすべて番号で答えてください.

ⓑ 生体防御機構 （→図3-8, 表3-2）

❶ 次の語句のなかで，物理的・化学的防御に含まれるものをすべて答えてください.

①せき ②マクロファージによる貪食 ③粘液分泌 ④NK細胞による攻撃

❷ 獲得免疫を引き起こす異物を何とよぶか答えてください.

❸ 獲得免疫のなかで，抗体が中心となる異物の排除を何とよぶか答えてください.

❹ 獲得免疫のなかで，細胞傷害性T細胞による感染細胞などへの攻撃を何とよぶか答えてください.

❺ 獲得免疫にかかわる細胞の一部が残り，ふたたび同じ異物が侵入した際に短時間で強力な応答が起こるしくみを何とよぶか答えてください.

練習問題の 解答

ⓐ ❶ 血漿

血液中の液体成分は血漿とよばれます.

❷ 赤血球

❸ 血小板

❹ 白血球

白血球には骨髄系幹細胞由来の顆粒球・単球に加え, リンパ系幹細胞由来のリンパ球も含まれます.

❺ ❷, ❸

赤血球と血小板は核をもちません.

ⓑ ❶ ①せき, ③粘液分泌

外界からの異物に対する防御には, まず皮膚や粘膜などによる物理的・化学的防御が働きます. 細胞による攻撃などは, 物理的・化学的防御には含まれません.

❷ 抗原

❸ 体液性免疫 (液性免疫)

❹ 細胞性免疫

❺ 免疫記憶

自然免疫で排除しきれなかった異物に対しては, 体液性免疫 (液性免疫)・細胞性免疫からなる獲得免疫が対応します. 獲得免疫にかかわる細胞の一部は, 記憶細胞として長期間残り, 同じ異物の侵入に対してすばやく強力に応答します.

2. 血液の循環と呼吸

● 循環系の概要について理解しよう

● 心臓の構造と機能を理解しよう

● 呼吸器系の概要について理解しよう

重要な用語

体循環

血液が心臓の左心室から全身の細胞に送られて，心臓の右心房に戻る循環のこと．血液と細胞との間でガスと物質の交換が行われる．細胞に酸素や栄養素が供給され，血液に二酸化炭素や代謝産物が回収される．

肺循環

血液が心臓の右心室から肺に送られて，心臓の左心房に戻る循環のこと．血液と肺との間でガス交換が行われる．血液に酸素が取り入れられ，肺に二酸化炭素が排出される．

刺激伝導系

心臓の洞房結節で発生した興奮の刺激を心臓全体の心筋に伝えるためのシステムのこと．

外呼吸

肺の肺胞と毛細血管の間で行われる酸素と二酸化炭素のガス交換のこと．

内呼吸

全身の細胞と毛細血管の間で行われる酸素と二酸化炭素のガス交換のこと．

1. 体液が全身をめぐるしくみ

▶循環系とは

　細胞では，肺から取り入れた酸素（O_2）や消化管から吸収した栄養素などが必要となり，代謝によってつくられた二酸化炭素（CO_2）や代謝産物（老廃物）などは不要となります．生命活動に必要なものを全身の細胞に運び入れ，不要なものを回収するのが体液の役割です．また，体液は各組織・器官での物質のやりとり，ホルモンによる情報伝達[*]，免疫や血液凝固に必要な物質の運搬，体熱の移動なども担っています．体液には血液，リンパ液，組織液（間質液[*]）があります．体液を体内に循環させる器官のまとまりを**循環系**[*]といいます．

　循環系は**血管系**[*]と**リンパ系**[*]からなり，血液を送り出す**心臓**と血液が流れる管である**血管**[*]をまとめて血管系，リンパ液が流れる管である**リンパ管**[*]と免疫器官の1つである**リンパ節**[*]をまとめてリンパ系とよびます（図3-9）．

　血液は，ポンプとして働く心臓によって送り出され[※1]，血管（動脈）の中を通って全身を循環します．細胞の近くまでくると血管は毛細血管となって，血圧[※2]によって血液中の液体成分（血漿^{けっしょう}）の一部がしみ出して組織液となります．組織液は細胞の間を満たして細胞に酸素や栄養素を供給し，二酸化炭素や代謝産物を受けとります．組織液は，浸透圧によって毛細血管に戻り，過剰な組織液は毛細リンパ管に流れ込んでリンパ液になります（図3-10）．

● ホルモン →4章4

● 間質液＝ interstitial fluid

● 循環系＝ circulatory system，循環器系
● 血管系＝ blood circulatory system，心臓血管系：cardiovascular system
● リンパ系＝ lymphatic system
● 血管＝ blood vessel
● リンパ管＝ lymphatic vessel
● リンパ節＝ lymph node，リンパ腺

※1　血液の量（心拍出量）：心臓から拍出される血液の量は1分あたり約5 Lです．心拍出量＝1回の拍出量×1分間の心拍数.

※2　血圧：心臓から送り出された血液が血管の壁に対して押す圧力.

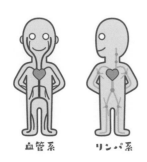

血管系　　リンパ系

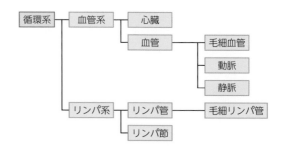

図3-9　循環系の分類
循環系は，血管系（心臓と血管）とリンパ系に分けられます．

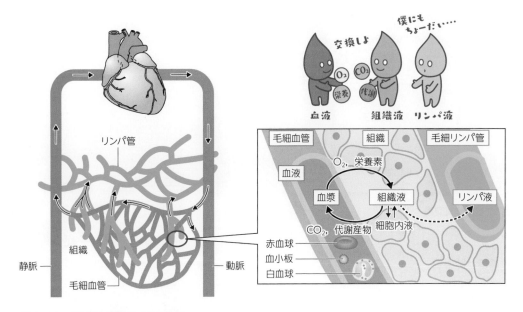

図3-10　体液の種類とその移動

体液は，血管内を流れる血液，リンパ管内を流れるリンパ液，組織に直接触れている組織液に分けられます．動脈から毛細血管に達した血液の液体成分（血漿）の一部は，毛細血管の壁からしみ出て組織液となります．組織液の大部分は組織内の細胞間を移動してから毛細血管に戻って血液となりますが，一部はリンパ管に入ってリンパ液となります．体液は血管，組織の細胞間，リンパ管の間を移動しています．参考文献26をもとに作成．

▶ 体循環と肺循環

　循環系は大きく分けると，心臓（左心室）を出た血液が全身をめぐって心臓（右心房）に戻る**体循環**と，心臓（右心室）を出た血液が肺をめぐって心臓（左心房）に戻る**肺循環**に分けられます（**図3-11**）．

　体循環では，毛細血管を流れる血液と細胞との間で，ガスと物質の交換が行われます．細胞に酸素や栄養素を渡して，血液が二酸化炭素や代謝産物を受けとります．肺循環では，毛細血管を流れる血液と肺胞との間でガス交換が行われ，肺胞に二酸化炭素を排出して，血液に酸素を取り入れます．

- 体循環 = systemic circulation，大循環，左心系
- 肺循環 = pulmonary circulation，小循環，右心系

2. ポンプとして働く心臓

　心臓は血液を全身に循環させるためのポンプです．心臓は自動的に収縮と拡張をくり返すことにより全身に血液を循環させます．心臓がどのような構造（つくり）と機能（働き）をもつのかをみていきましょう．

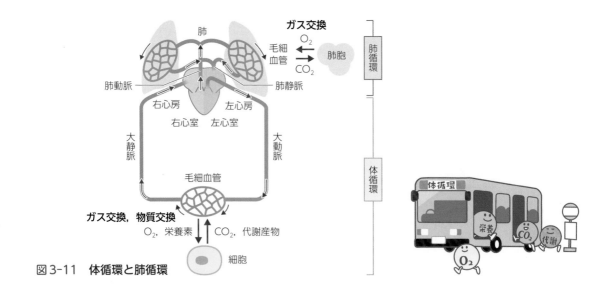

図3-11　体循環と肺循環

▶ 心臓の構造

ヒトの心臓は，胸部の中央からやや左よりに位置しており，成人で握りこぶしより少し大きいくらい（300 g程度）の大きさです．心臓の壁は心外膜®（臓側心膜），心筋層®，心内膜®の3層からなります．さらに心臓は線維性心膜および壁側心膜で包まれています．

● 心外膜＝epicardium
● 心筋層＝myocardium
● 心内膜＝endocardium

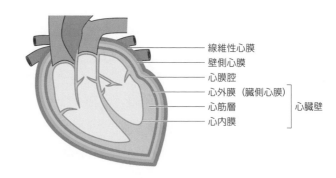

- 線維性心膜
- 壁側心膜
- 心膜腔
- 心外膜（臓側心膜）
- 心筋層 ｝心臓壁
- 心内膜

● 心房と心室

● 心房＝atrium

● 心室＝ventricle

心臓は4つの部屋に分かれており，2つの心房®（**右心房，左心房**）と2つの心室®（**右心室，左心室**）からなります（2心房2心室）．心臓の構造と血液の流れを併せて理解しましょう（図3-12）．

はじめに，心房（右心房，左心房）の収縮によって，血液がそれぞれの心室（右心室，左心室）に送られます．心室に送られた血液が逆戻りしないように，右心房と右心室の間には**三尖弁**®，左心房と左心室の間には**僧帽弁**®とよばれる弁があります（図3-12）※3.

● 三尖弁＝tricuspid valve，右房室弁
● 僧帽弁＝mitral valve，二尖弁，左房室弁
※3　房室弁（atrioventricular valve：AV弁）：心房と心室の間にある2種類の弁は房室弁ともいい，房室弁は腱索とよばれるひもで乳頭筋に付いていて，弁が心房側にひっくりかえるのを防いでいます．

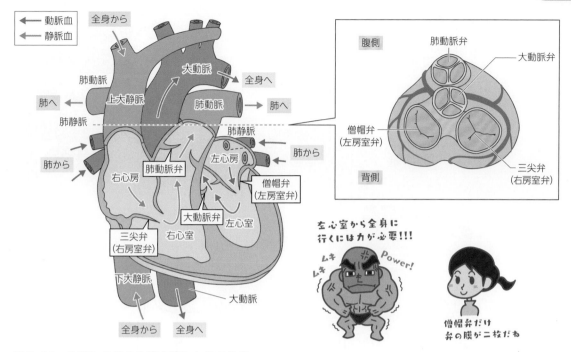

図3-12　心臓における血液の流れと弁の位置
左図は，心臓を縦に輪切りにした断面を示しています．2つの心房（右心房，左心房），2つの心室（右心室，左心室）と出入りする血管の様子がわかります．右図は，心臓から心房，肺動脈，大動脈を取り去って，心室を上方から見たところを示しています．心臓にある4つの弁の様子がわかります．参考文献9，28をもとに作成．

　次に，心室（右心室，左心室）の収縮によって，右心室から**肺動脈**°を通じて肺に，左心室から**大動脈**°を通じて全身に血液が送り出されます．ここでも血液が逆戻りしないように，右心室と肺動脈の間に**肺動脈弁**°，左心室と大動脈の間に**大動脈弁**°があります※4．

　肺から戻ってきた血液は**肺静脈**°を通じて左心房に，全身から戻ってきた血液は大静脈（**上大静脈**°，**下大静脈**°）を通じて右心房に流れ込みます．

● **心臓を構成する心筋**

　心臓は心筋°とよばれる横紋のある筋（横紋筋）からなります（図3-13）．心筋の細胞（筋線維）は骨格筋と異なり核が1つ（単核）で，筋線維が枝分かれして細胞同士が網目状にくっついています．

　心臓を収縮させて血液を送り出す役割をする心筋は，**固有心筋**°とよばれ，**心房筋**と**心室筋**に分けられます．全身に向かって血液を送り出す左心室の心筋（心室筋）の層は特に厚くなっており，強力に血液を押し出すことができるようになっています．

● 肺動脈＝ pulmonary arteries

● 大動脈＝ aorta

● 肺動脈弁＝ pulmonary valve
● 大動脈弁＝ aortic valve
※ 4　半月弁（semilunar valve）：各心室と大血管の間にある2種類の弁は半月弁ともいいます．
● 肺静脈＝ pulmonary vein
● 上大静脈＝ superior vena cava
● 下大静脈＝ inferior vena cava

● 心筋　→4章2-1

● 固有心筋＝ ordinary cardiac muscle

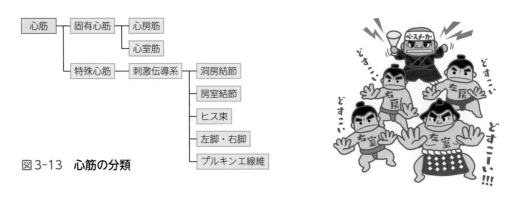

図 3-13　心筋の分類

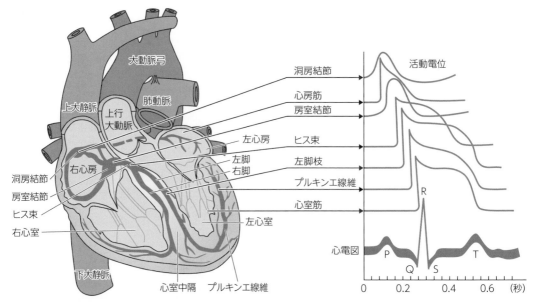

図 3-14　刺激伝導系
参考文献 29 をもとに作成.

● 活動電位　→ 4 章 1-3

● 特殊心筋 = specialized cardiac
　muscle
● 刺激伝導系 = impulse conducting
　system, 興奮伝導系：excitation-con-
　duction system

● 洞房結節 = sinoatrial node：SA node,
　sinus node, 洞結節, キース−フラック
　結節
● 房室結節 = atrioventricular node：
　AV node, 田原結節
● ヒス束 = His bundle, 房室束
● 左脚 = left bundle
● 右脚 = right bundle
● プルキンエ線維 = Purkinje fiber

　心臓に興奮（電気的刺激，活動電位）を自動的に発生させて，心臓全体に伝える（伝導する）役割を果たす心筋は，**特殊心筋**とよばれ，これらの興奮の発生と伝導のシステムは**刺激伝導系**といいます.

▶ 心臓の機能

● 刺激伝導系の働き

　心臓には自動的に収縮する性質・能力（**自動性・自動能**）があります. 心筋の収縮のリズムを規則正しくそろえて，心臓の拍動（心拍）を生じさせる役割を果たすのが刺激伝導系です. 刺激伝導系は，部位によって**洞房結節**，**房室結節**，**ヒス束**，**左脚**・**右脚**，**プルキンエ線維**に分けられます（図 3-14）.

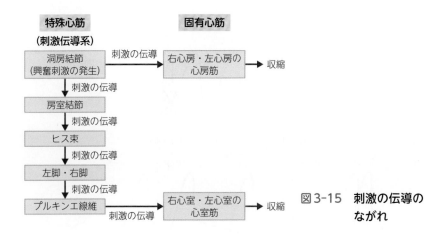

図3-15 刺激の伝導の
ながれ

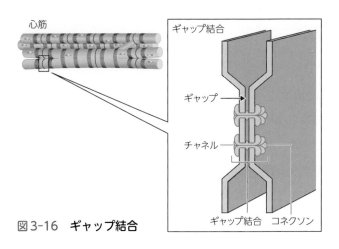

図3-16 ギャップ結合

心臓の右心房の上部にある洞房結節の細胞は自発的にくり返し興奮[5]（活動電位，ペースメーカー電位，歩調とり電位，前電位）を生じさせます．心臓の拍動（心拍）のリズムはここからはじまります．したがって心臓のペースをつくる細胞という意味で，洞房結節は**ペースメーカー**や**歩調とり**などとよばれることもあります．

洞房結節で生じた興奮は，心房全体に広がって心房の収縮を引き起こします（刺激の伝導）．続いて，興奮は房室結節に伝わり，ヒス束，脚（左脚と右脚）を経て，プルキンエ線維へと順に伝わり，心室の収縮を引き起こします（図3-15）[6]．

心室の各心筋の細胞間には**ギャップ結合**とよばれる結合部位があり，ここにはコネクソンとよばれる通路があって興奮がすばやく隣の心筋細胞に伝わります（図3-16）．これによって，心室全体が一斉に収縮して血液の全身への送り出しが可能となります[7]．

※5 興奮：細胞の膜に電気的なエネルギーの差（膜電位）が生じて，電気信号が出力されます．

● ペースメーカー＝ pacemaker
● 歩調とり＝歩調とり細胞

※6 潜在的ペースメーカー：洞房結節以外の刺激伝導系の細胞も自動能をもっており潜在的ペースメーカーとよばれますが，正常では洞房結節が一番速いペースメーカーのため，洞房結節が心拍のリズムを決めています．
● ギャップ結合＝ gap junction
※7 機能的合胞体（functional syncytium）：心筋細胞は形態的に分かれていても機能的につながっていて，心房や心室は一体として動きます．

A) 交感神経の興奮，ノルアドレナリンの分泌

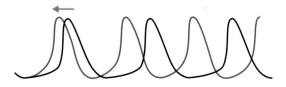

B) 副交感神経（迷走神経）の興奮，アセチルコリンの分泌

図 3-17　交感神経・副交感神経による心拍の調節
Aでは心臓の拍動が前倒しとなり，Bでは後ろに遅れています．

● 心臓機能の調節

● 自律神経 →4章1-1

※8　心臓の機能の調節：心臓自体の自己調節によっても調節されます．

● 交感神経 →4章1-1
● ノルアドレナリン →4章4-4

● 副交感神経 →4章1-1

● アセチルコリン →4章2-3

　心臓の機能は自律神経*やホルモンの働きなどによって調節されます※8．例えば，緊張すると心臓がドキドキして脈が速くなることを経験したことがあると思いますが，これは脳の命令によって心臓の機能を調節しているからです．心臓は興奮性と抑制性の二重の支配を受けており，心臓交感神経*の興奮，ノルアドレナリン*の分泌などが心筋の興奮・収縮に促進性に働き，心拍数の増加などが生じます（図3-17A）．また，心臓副交感神経*（心臓迷走神経）の興奮，アセチルコリン*の分泌などが抑制性に働き，心拍数の減少などが生じます（図3-17B）．

advance

心電図

　心電図*とは心電図計を使って心臓の電気的な活動を体表面の微小な電位差として記録したものです．基本的な波形は，心房の興奮（脱分極*）をあらわしているP波，心室の興奮をあらわしているQRS波，心室の興奮の収まり（再分極*）をあらわしているT波からなります．心臓が1回拍動するとP，Q，R，S，Tの波が1回ずつ現れます．

　P波のはじまりからQ波のはじまりの間はPQ時間（PQ間隔）といい，心房興奮開始から心室興奮開始まで（房室興奮）の伝導にかかった時間を示します．Q波のはじまりからR波の終わりの間はQRS時間（QRS間隔，QRS幅）といい，心室内の興奮の伝導にかかった時間を示します．S波の終わりからT波のはじまりまでの部分はST部分といい，すべての心室筋が興奮した状態を示します．Q波のはじまりからT波の終わりまでの間はQT間隔といい，心室筋の活動電位の持続時間を示します．

　心電図から得られる情報から，心臓（刺激伝導系や心筋など）に異常がないかを調べることができます．

● 心電図＝ electrocardiogram：ECG

● 脱分極，再分極　→4章1-3

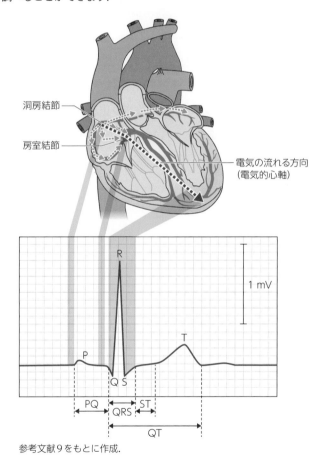

洞房結節

房室結節

電気の流れる方向
（電気的心軸）

参考文献9をもとに作成．

3. 体液の通り道, 血管

● 動脈＝ arteries

● 毛細血管＝ capillary

● 静脈＝ vein

心臓から送り出された血液は**動脈**とよばれる血管によって各組織・器官に送られ，**毛細血管**を介して細胞との物質交換・ガス交換を行ってから**静脈**とよばれる血管によって再び心臓に戻ります．血管は部位によって異なる構造（つくり）や機能（働き）をもちます．

▶ 血管の種類

血管は，血液を心臓から全身に運んだり，各組織・器官から心臓に戻したりするための管で，動脈，**細動脈**，毛細血管，**細静脈**，静脈に分けられます．血管は，動脈は毛細血管に向かって枝分かれして徐々に細くなっていき，静脈は心臓に向かって合流して徐々に太くなっていきます（図3-18）.

● 細動脈＝ arteriole
● 細静脈＝ venule

● 動脈

● 内皮細胞＝ endothelium

● 血管平滑筋＝ vascular smooth muscle

● 弾性血管＝ elastic vessels

動脈は心臓から出る血液が通る血管で，内膜（内皮細胞の層），中膜（血管平滑筋と弾性線維），外膜（結合組織）の三層からなります．血管壁が厚く，伸縮性があり，心臓から送り出される血液による高い圧力（血圧）に耐える構造になっています（図3-19）.大動脈などの大きな動脈は弾性線維が豊富に存在することから**弾性血管**ともよばれます.

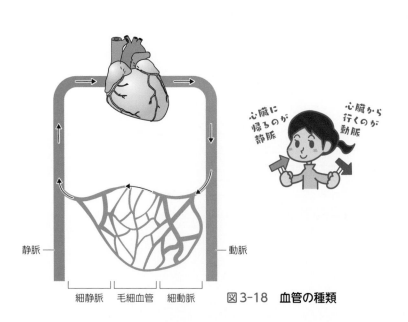

図3-18 血管の種類

細動脈の中膜には発達した血管平滑筋があり，血管を収縮・拡張させて血管の断面積を変え，血流に対する抵抗の大きさなどを調節しています．細動脈は**抵抗血管**ともよばれます．血管平滑筋の収縮は交感神経，ノルアドレナリンなどによって調節されます[9]．

●抵抗血管＝resistance vessels

※9　血管の収縮と拡張：ホルモンのアンジオテンシンⅡ，アルドステロン，バソプレシンなどは血管収縮作用をもち，ホルモンのアセチルコリンやセロトニン，生理活性物質のブラジキニン，ヒスタミンなどは血管拡張作用をもちます．

● 静脈

静脈は心臓に戻る血液が通る血管で，内膜（内皮細胞の層），中膜（血管平滑筋とわずかな弾性線維），外膜（結合組織）の三層からなりますが，血管壁は薄く，逆流を防ぐ**静脈弁**がついています（図3-19）．静脈は血液を貯蔵する役割（貯血作用）をもち，血管内に含まれる血液の量は静脈が最も多くなっていることから**容量血管**ともよばれます．

●容量血管＝capacitance vessels

● 毛細血管

毛細血管は動脈と静脈をつないでいます．血管壁は薄く，一層の内皮細胞と周皮細胞からなり，内皮細胞の間に小さな穴（小孔）があって物質が透過しやすくなっています（図3-19）[10]．組織の奥深くまで網目状に広がっており，細胞の隅々まで酸素や栄養素などを供給し，二酸化炭素や代謝産物を回収することができます．ガスや物質の交換にかかわることから**交換血管**ともよばれます．

※10　小孔の透過：水や電解質，グルコース，尿素などは透過できますが，タンパク質などの大きな分子はほとんど透過できません．

●交換血管＝exchange vessels

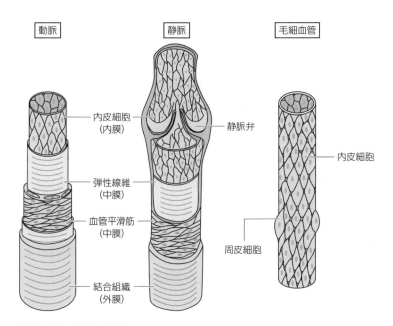

静脈には
弁がついているね

毛細血管は薄い
内皮細胞で
できているんだね

図3-19　血管の構造
参考文献28をもとに作成．

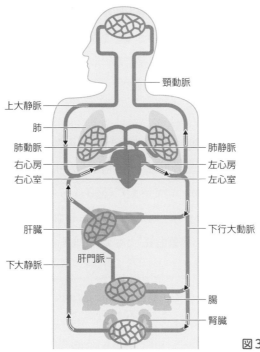

図3-20　各器官に出入りする血管

表3-3　機能血管と栄養血管

	肺	肝臓	心臓
機能血管	肺動脈，肺静脈	門脈	大動脈，上大静脈，下大静脈，肺動脈，肺静脈
栄養血管	気管支動脈	固有肝動脈	冠状動脈

● 各器官に出入りする血管 （図3-20）

　各器官の機能にかかわる血管は**機能血管**，各器官の組織に必要な酸素や栄養素を送り届けるための血管は**栄養血管**とよばれます（表3-3）．

　肺に入る血管には肺動脈，肺から出る血管には肺静脈があります．これらの血管は肺の組織に酸素を直接送り届けるという役割ではなく，肺のガス交換という機能にかかわる血管のため機能血管になります．肺自体の組織に酸素や栄養素を送り届けるための栄養血管は**気管支動脈**です．

　肝臓へ入る血管には**固有肝動脈**，肝臓から出る血管には**肝静脈**°があり，固有肝動脈は栄養血管です．**肝門脈**°は，消化器官からの血液を肝臓に運ぶ静脈で機能血管とされています．消化管で吸収された物質は体循環に流れ出す前に肝臓に運ばれます．腎臓へ入る血管は**腎動脈**°，

● 肝静脈＝ hepatic vein
● 肝門脈＝ hepatic portal vein

● 腎動脈＝ renal artery

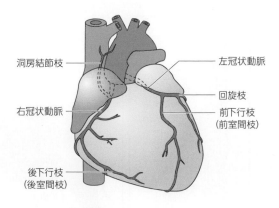

図3-21 冠状動脈

腎臓から出る血管は**腎静脈**といい，これらは機能血管と栄養血管を兼ねています．

●腎静脈= renal vein

● 心臓のまわりにある血管

心臓のまわりにある血管（動脈）は，**冠状動脈**といい，心臓に酸素と栄養素を供給する栄養血管です（図3-21）[11]．供給後の血液は心臓の静脈から右心房に戻ります．この循環は**冠状循環**とよばれます．

●冠状動脈= coronary artery，冠動脈

※11 その他の血管：大動脈，大静脈は機能血管です．

●冠状循環= coronary circulation，冠循環

▶動脈血と静脈血

酸素が多く（二酸化炭素の少ない）鮮やかな紅色をしている血液を**動脈血**，酸素が少なく（二酸化炭素の多い）暗い赤色をしている血液を**静脈血**といいます．肺から酸素を血液に取り込んで心臓へ向かう肺静脈，心臓から全身へ送り出す体循環の動脈には酸素の多い動脈血が流れており，全身から二酸化炭素を血液に回収して心臓へ向かう体循環の静脈，心臓から肺へ送り出す肺動脈には静脈血が流れています．

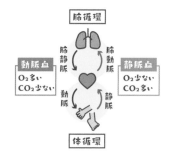

▶血圧

血圧は心臓から送り出された血液が血管の壁に対して押す圧力のことです．圧力の単位はmmHg[12]であらわされます．どの血管にも圧力がかかっていますが，一般的に測定する血圧というのは，動脈（上腕動脈）にかかる圧のことを意味します．心臓（心室）が収縮して最も強く血液が押し出されているときの動脈の血圧を**収縮期血圧**といいます．血液は血管の圧の高い方から低い方に流れていきます．心臓（心室）が拡張するときの動脈の血圧を**拡張期血圧**といいます．収縮

※12 mmHg：水銀柱に入っている水銀を何mmの高さまでもち上げる圧力かをあらわす単位です．

●収縮期血圧= systolic pressure，最高血圧，最大血圧

●拡張期血圧= diastolic pressure，最低血圧，最小血圧

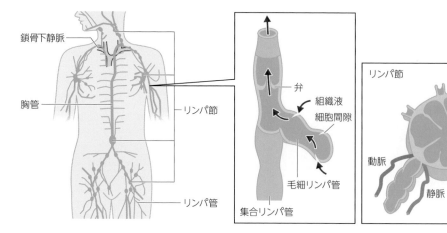

図 3-22　リンパ系
参考文献 30 をもとに作成.

期血圧が 140 mmHg 以上，もしくは拡張期血圧が 90 mmHg 以上の場合を**高血圧**とよびます．収縮期血圧が 100 mmHg 以下の場合を低血圧とよぶ場合もあります．

4. 組織液の回収やからだを守るリンパ系

　循環系のうち，リンパ液の流れるリンパ管と免疫器官の 1 つであるリンパ節をまとめてリンパ系といいました．ここではリンパ管とリンパ節の構造（つくり）と機能（働き）をみていきましょう．

▶ リンパ管（図 3-22）

　リンパ管は一層の内皮細胞からなり[※13]，全身の組織のすき間にあります．組織液の一部はリンパ管の末端（**毛細リンパ管**[●]）に入り込んでリンパ液となります．その際にタンパク質（アルブミンなど）もリンパ管に入ります．リンパ液は，毛細リンパ管から，**集合リンパ管**[●]へと流れ，リンパ節などを経て，**鎖骨下静脈**[※14]に入ります．リンパ系には心臓のようなポンプはなく，骨格筋やリンパ管の収縮などによって生じる力によって流れができます．リンパ管には，静脈のように弁があり，逆流を防いでいます．

　リンパ系には組織液を回収して血液に戻す，異物や代謝産物の回収，脂質の運搬[●]，生体防御[●]などの働きがあります．

※13　集合リンパ管：集合リンパ管には平滑筋があります．
● 毛細リンパ管＝ lymphatic capillary

● 集合リンパ管＝ collecting lymph vessel
※14　鎖骨下静脈：下半身と左上半身のリンパ液は胸管（左リンパ本幹），右上半身は右リンパ本幹に集まり，鎖骨下静脈の静脈角から静脈に合流します．

● 脂質の運搬　→ 2 章 1-2
● 生体防御　→ 3 章 1-4

▶リンパ節

集合リンパ管などにはリンパ節（リンパ腺）とよばれる球状にふくらんだ組織があります．リンパ節はからだのさまざまな部位に存在し，特に鼠径部，わきの下（腋窩），首（頸部），腹腔などに多く集まっています．

リンパ節には，内部にマクロファージ●や多数のリンパ球●などを含み，リンパ液に混入した細菌や異物を破壊して除去するフィルター（濾過装置）となっています．

風邪ひきました…

リンパ節が
腫れていますね…

●マクロファージ，リンパ球　→3章1-3

5. 呼吸のしくみ

ヒトが活動するために必要なエネルギーは食物を消化・吸収して代謝●することによってつくり出されますが，このためには必要な酸素を取り込んで，不要となった二酸化炭素を排出する必要があります．これらの酸素と二酸化炭素の**ガス交換**と代謝によるエネルギーの産生を一般的に**呼吸**●とよび，呼吸におけるガス交換を行う器官のまとまりを**呼吸器系**●といいます．呼吸器系は呼吸以外にも，体液の酸塩基の調節●，発声，嗅覚，異物除去，生体防御などにもかかわります．

●消化・吸収，代謝　→2章1

●呼吸＝respiration

●呼吸器系＝respiratory system

●酸塩基の調節　→p127 advance

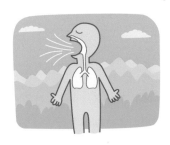

▶呼吸器の構造

ヒトの呼吸器系は**気道**●と左右の**肺**●からなります（図3-23）．気道（導管部）とは取り入れた空気を運ぶ通路のことで，鼻，鼻腔，副鼻腔，口，口腔，咽頭，喉頭，**気管**●，**気管支**※15とその枝（葉気管支，区域気管支，細気管支，終末細気管支）からなります※16．気管は気管支で2つに分かれ，それぞれが左右の肺に向かい，さらに2つの細い気管支（葉気管支）に分かれ，そこから木の枝のように分岐をくり返してより細い気管になっていきます．肺（呼吸部）は呼吸細気管支，

●気道＝air way
●肺＝lung

●気管＝trachea
※15　気管支（bronchus，主気管支）：気管支は右の方が太く，傾斜が急なため，気管に入った異物は右に入りやすいです．
※16　上気道と下気道：喉頭までの気道を上気道，それより下の気道は下気道ともいいます．

●呼吸細気管支＝respiratory bronchioles

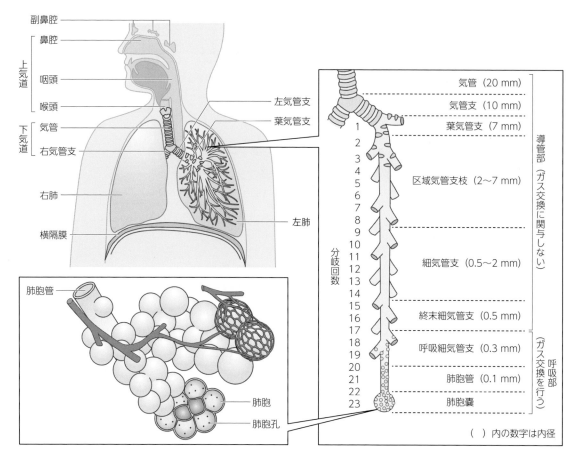

図 3-23　呼吸器の構造
参考文献23をもとに作成.

図中ラベル：

- 副鼻腔
- 鼻腔
- 咽頭
- 喉頭
- 気管
- 右気管支
- 右肺
- 横隔膜
- 上気道
- 下気道
- 左気管支
- 葉気管支
- 左肺

右側図：

- 気管（20 mm）
- 気管支（10 mm）
- 葉気管支（7 mm）
- 区域気管支枝（2〜7 mm）
- 細気管支（0.5〜2 mm）
- 終末細気管支（0.5 mm）
- 呼吸細気管支（0.3 mm）
- 肺胞管（0.1 mm）
- 肺胞嚢
- 分岐回数　1〜23
- 導管部（ガス交換に関与しない）
- 呼吸部（ガス交換を行う）
- （　）内の数字は内径

肺胞部拡大図：

- 肺胞管
- 肺胞
- 肺胞孔

- 肺胞管 = alveolar ducts
- 肺胞嚢 = alveolar sacs
- 肺胞 = alveolus（単数形），alveoli（複数形）

肺胞管*，肺胞嚢*，**肺胞***からなります．片方の肺には約3億個の肺胞が存在し，ブドウの房のような形をしており，まわりに毛細血管が非常に密に取り囲んでいます．

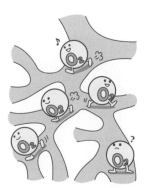

▶呼吸のメカニズム

肺は呼吸筋とよばれる**横隔膜**※や肋骨の筋肉（外肋間筋など）の収縮によって，肺が広がり空気が肺の中に入ります．これを**吸気**※といいます．

一方，呼吸筋の弛緩※17によって，肺はもとの大きさに戻り，空気は肺の外に出ていきます．これを**呼気**※といいます．

● 横隔膜 = diaphragm

● 吸気 = inspiration，吸息

※17　収縮による呼気：激しい運動を行ったときは内肋間筋の収縮によって呼気が生じます．

● 呼気 = expiration，呼息

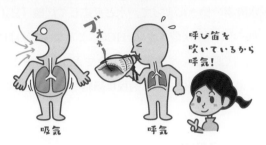

▶外呼吸と内呼吸

肺にある肺胞内の気体（**肺胞気**※）は，息をすることによって気道を通じて外界（空気）との間で出入りします（**換気**※）．外界から取り込んだ酸素は肺胞から毛細血管の血液中に供給され，細胞から回収した二酸化炭素は毛細血管の血液中から肺胞に排出されます．この肺の肺胞と毛細血管の間で行われる酸素と二酸化炭素のガス交換のことを**外呼吸**※といいます（図3-24A）．外呼吸によって供給された酸素は血液によって心臓，そして全身の細胞に運ばれます．血液中に供給された酸素は赤血球に含まれるヘモグロビン※に結合して運ばれます．

● 肺胞気 = alveolar air

● 換気 = ventilation

● 外呼吸 = external respiration

● ヘモグロビン　→3章1-3

A) 外呼吸

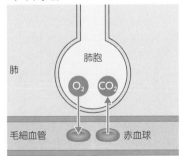

$O_2 + Hb \rightarrow HbO_2$

$HCO_3^- + H^+ \rightarrow H_2CO_3 \rightarrow CO_2 + H_2O$

炭酸脱水酵素

B) 内呼吸

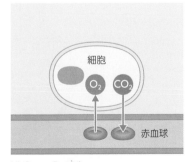

$HbO_2 \rightarrow O_2 + Hb$

$CO_2 + H_2O \rightarrow H_2CO_3 \rightarrow H^+ + HCO_3^-$

炭酸脱水酵素

図3-24　外呼吸と内呼吸

酸素が結合する前のヘモグロビンをデオキシヘモグロビン[●]，酸素が結合したヘモグロビンをオキシヘモグロビン[●]とよびます．

　末梢の毛細血管では血液と細胞の間でガス交換が生じ，酸素を血液中から細胞に供給して，二酸化炭素を細胞から血液中に回収します．この細胞と毛細血管の間で行われる酸素と二酸化炭素のガス交換のことを**内呼吸**[●]といいます（図3-24B）．二酸化炭素の多くは，赤血球中の炭酸脱水酵素の働きによって，水と反応して炭酸（H_2CO_3），そして炭酸水素イオン（重炭酸イオン，HCO_3^-）となって運ばれます[※18]．

　細胞内では，代謝によって酸素が使われてATPが合成され，二酸化炭素が生じます．細胞内における過程は**細胞呼吸**（細胞性呼吸）ともよばれます．

▶ 肺におけるガス交換

　気管支の先端についている肺胞は毛細血管が取り囲んでいます．毛細血管の血液中の二酸化炭素の圧力（二酸化炭素分圧：P_{CO_2}）は，肺胞中の二酸化炭素の圧力よりも高くなっており，肺胞のまわりを取り囲んでいる毛細血管内の二酸化炭素は肺胞に向かって拡散します（図3-25）．肺胞中の酸素の圧力（酸素分圧：P_{O_2}）は，血管中の酸素の圧力よりも高くなっており，肺胞内の酸素は毛細血管の血液中に拡散によって入り込みます（図3-25）．毛細血管から出た血液は心臓（左心房）まで移動して，体循環の血液となります．

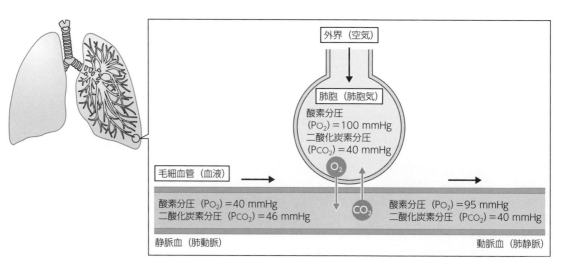

図3-25　肺におけるガス交換

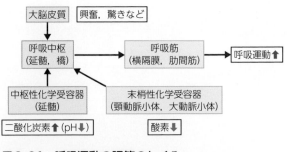

図3-26　呼吸運動の調節のしくみ

▶呼吸運動の調節

　呼吸は，**延髄の呼吸中枢**（吸息中枢と呼息中枢）や橋の呼吸にかか
わる中枢（持続的呼吸中枢，呼吸調節中枢）によって調節されていま
す（図3-26）．延髄の中枢性化学受容器は動脈中（脳脊髄液中）の主
に二酸化炭素の増加（pHの低下）によって延髄の呼吸中枢を刺激し
て呼吸運動（換気）を増やします．頸動脈小体や大動脈小体の末梢性
化学受容器は動脈中の主に酸素の減少によって延髄の呼吸中枢を刺激
して呼吸運動を促進させます．

練 習 問 題

ⓐ 循環系 （→図3-11）

❶ 右心室から肺に血液を運ぶ血管は何というか答えてください.

❷ 肺から左心室に血液を運ぶ血管は何というか答えてください.

❸ 体循環では毛細血管の動脈側と静脈側のどちらの方が酸素の濃度が高いか答えてください.

❹ 肺循環では毛細血管の動脈側と静脈側のどちらの方が酸素の濃度が高いか答えてください.

ⓑ 心臓の構造と機能 （→図3-12）

❶ 心臓の構造について正しい説明を次の選択肢から選んでください.

① 成人の心臓は約500 gである.

② 心臓壁は3層からなる.

③ 大静脈は左心房に入る.

④ 左心房と左心室の間には三尖弁がある.

❷ 心臓の機能について誤っている説明を次の選択肢から選んでください.

① 固有心筋にはギャップ結合がある.

② 交感神経は心拍数を増加させる.

③ 洞房結節よりも房室結節の方が自発的な興奮のリズムが速い.

④ 特殊心筋は横紋筋である.

ⓒ 血管

血管について正しい説明を次の選択肢から選んでください.

① 細動脈は弾性線維が豊富に存在することから弾性血管とよばれる.

② 毛細血管は含まれる血液の量が多いことから容量血管とよばれる.

③ 肺動脈には動脈血が流れている.

④ 血圧が120/94 mmHg（収縮期血圧/拡張期血圧）の場合は高血圧である.

ⓓ 呼吸器系 (→ 図3-23)

❶ ガス交換を行う部分にある気管支の名前を答えてください.

❷ 横隔膜の収縮が生じるのは吸息時と呼息時のどちらか答えてください.

❸ 肺胞と毛細血管の間で行われるガス交換は何呼吸とよばれるか答えてください.

❹ 頸動脈小体で減少を検知するガスの種類は何か答えてください.

練習問題の 解　答

ⓐ ❶ 肺動脈

右心室から肺動脈によって肺に血液が運ばれて，血液中から二酸化炭素が排出され，酸素を取り入れます．

❷ 肺静脈

肺で酸素を取り入れた血液は肺静脈によって左心室に運ばれます．

❸ 動脈側

肺から左心室に運ばれた酸素濃度の高い血液は，体循環の動脈によって全身に運ばれるため，動脈側の方が酸素の濃度が高くなっています．

❹ 静脈側

肺で酸素を取り入れた酸素濃度の高い血液は，肺循環の肺静脈によって心臓に戻されるため，静脈側の方が酸素の濃度が高くなっています．

ⓑ ❶ ②

成人の心臓は約300 g程度です．心臓の壁は心外膜，心筋層，心内膜の3層からなります．上下大静脈は右心房に入ります．左心房と左心室の間には僧帽弁があります．

❷ ③

固有心筋は心房筋と心室筋からなり，収縮によって血液を送り出す役割を果たします．固有心筋にはギャップ結合があってひとまとまりとなって収縮を引き起こします．交感神経は心筋の興奮・収縮に促進的に働いて心拍数を増加させます．刺激伝導系のなかで洞房結節は最も自発的な興奮のリズムが速くなっています．特殊心筋も他の心筋と同様に横紋構造をもった横紋筋です．

ⓒ ④

細動脈は発達した血管平滑筋があって血管を収縮・弛緩させて血流の抵抗の大きさを調節するため，抵抗血管とよばれます．弾性血管は大動脈などの大きな動脈を指します．毛細血管はガスや物質の交換にかかわることから交換血管とよばれます．容量血管は静脈を指します．肺動脈には，酸素が少なく，二酸化炭素が多く含まれる静脈血が流れています．血圧は収縮期血圧が140 mmHg以上か，拡張期血圧が90 mmHg以上のいずれかの場合に高血圧とよばれます．

d **❶ 呼吸細気管支**

ガス交換を行う部分にある気管支は呼吸細気管支といいます.

❷ 吸息時

吸息時に横隔膜や外肋間筋などの収縮が生じて，肺が広がって空気が肺に入ります.

❸ 外呼吸

肺胞と毛細血管の間で酸素を毛細血管に供給し，肺胞に二酸化炭素を排出するガス交換は外呼吸といいます.

❹ 酸素

頸動脈小体では酸素の減少を検知して呼吸運動を促進させ，足りない酸素を補うように調節します.

3. 体液調節と尿生成

学習の
ポイント！

● 細胞内液と細胞外液の組成の違いについて理解しよう

● 腎臓の機能としての体液の調節と尿生成について理解しよう

重要な用語

細胞内液

細胞内を満たす液体のこと．細胞内液は，細胞外液に比べて，カリウムイオン（K^+）の割合が高くなっている．

細胞外液

細胞外にある液体のこと．細胞外液は，細胞内液に比べて，ナトリウムイオン（Na^+）や塩化物イオン（Cl^-）の割合が高くなっている．

再吸収

糸球体の濾液中に含まれている利用可能な物質が，近位尿細管から周辺の毛細血管中に移動すること．

尿細管分泌

血管に含まれている体内で不必要となった物質が，近位尿細管周辺の毛細血管から近位尿細管中へ移動すること．

1. 体液とは？

▶体液の区分と水分

これまで，体液には血液，リンパ液，組織液（間質液）があること
を勉強してきました＊．これら体液のうち，細胞内を満たすものを**細
胞内液**＊といいます．細胞内液では，細胞の機能を発揮するためのさ
まざまな化学反応が起こります．体液のうち，細胞外にある液体を**細
胞外液**＊といいます．細胞外液には，血液の液体成分である血漿＊や細
胞の周囲を満たす組織液（間質液），リンパ液などが含まれます．体
液のうち，細胞内液が約65％，細胞外液が約35％を占めています[※1].

●血液，リンパ液，組織液　→3章2

●細胞内液＝intracellular fluid：ICF

●細胞外液＝extracellular fluid：ECF
●血漿　→3章1-1

※1　細胞内液，細胞外液の割合：細胞内
液は体重の約40％，細胞外液は体重の約
20％を占めています．

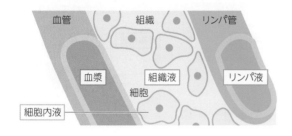

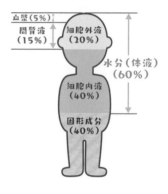

体液の水分は体重の約60％を占め，水は人体を構成する最大の化
合物です．脂肪組織に含まれる水分量は少なく，筋組織に含まれる水
分量は多いため，人体の水分量は脂肪組織の量に影響されます．成人
男性の体内の水分量は体重の約60％ですが，成人女性では成人男性
と比較すると脂肪組織の割合が高いため，体重の約55％となります．
新生児は細胞外液の割合が多く，体重の70〜80％程度です．高齢者
では年齢とともに筋組織などが減少する（水分の割合が減る）ため，
50〜55％程度となります．

体内の水分量

▶ 体液に含まれる電解質と非電解質

体液にはさまざまな物質が溶けており、**電解質**[2]と**非電解質**[●]に分けられます。

電解質のうち、正（＋）の電荷をもつものを陽イオン、負（－）の電荷をもつものを陰イオンとよびます。体液に含まれる陽イオンには、ナトリウムイオン（Na^+）、カリウムイオン（K^+）、カルシウムイオン（Ca^{2+}）などがあります。また、陰イオンには、塩化物イオン（Cl^-）、リン酸水素イオン（HPO_4^{2-}）、重炭酸イオン（HCO_3^-）などがあります[3]。電解質は、体液の浸透圧やpH[●]を調節し、神経細胞や筋細胞が機能するためなどに重要な機能を果たしています。また、体液にはグルコースや尿素などの非電解質も含まれています。

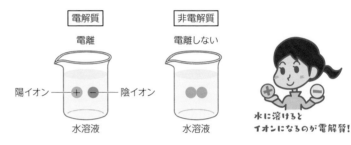

▶ 細胞内液と細胞外液の組成

細胞内液と細胞外液（血漿と組織液）の組成を図3-27に示します。細胞内液は、細胞外液に比べてK^+やHPO_4^{2-}の割合が高くなっています。一方、細胞外液は、細胞内液に比べてNa^+やCl^-の割合が高くなっています。

血漿と組織液は、毛細血管の内皮細胞によって隔てられています。毛細血管の内皮細胞は水やイオンは通過しやすいですが、大きなタンパク質分子は通過しにくくなっています。そのため、組織液に含まれるタンパク質の割合は血漿よりも低くなっています。血漿と組織液の組成は、タンパク質の割合を除けば、基本的には似ているといえます。

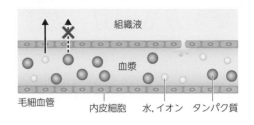

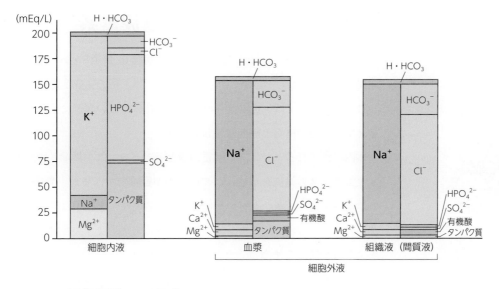

図 3-27　体液の区分とその組成

体液は，細胞内液と細胞外液である血漿や組織液などに分けられます．細胞内液は，細胞外液に比べて K⁺ の割合が高くなっています．一方，細胞外液は，細胞内液に比べて Na⁺ の割合が高くなっています．参考文献9をもとに作成．

▶ 体液の濃度は保たれている

　細胞外液の濃度を一定の範囲内に保ち，**ホメオスタシス**[4]を維持することは，細胞が正常に働くうえで非常に重要です．例えば，細胞外液の電解質の濃度が高くなると，細胞内から細胞外へ水が移動しやすくなります（浸透圧の上昇）．細胞内から水が出ていくと，細胞の代謝が円滑に進まなくなるうえに，細胞自身も収縮してしまいます．一方，細胞外液である血漿中のグルコースの濃度が低くなると，組織の細胞に栄養素として供給されるグルコースが不足します．このように，細胞外液の濃度が一定の範囲内に調節されなければ，細胞は正常に活動できなくなります．

※4　ホメオスタシス（homeostasis，恒常性）：体内の環境を一定の範囲内に維持しようとする性質．

2. 尿ができる過程は？ 泌尿器系

腎臓と尿の通路（尿路）である**尿管**，**膀胱**，**尿道**をあわせて**泌尿器系**とよびます（図3-28）．泌尿器系では，尿の生成と排出が行われます．本書では，泌尿器系のなかでも特に体液の調節に重要な働きをする腎臓の構造と機能に注目します．

体内に含まれる水分量，電解質の量とそのバランスを調節して，ホメオスタシスの維持を可能にしているのが腎臓です．また，腎臓は，血漿から不要（過剰，有害）な代謝産物（老廃物）を尿中に排出することによってもホメオスタシスの維持に貢献しています．腎臓はアルドステロンによる循環血液量の調節や，バソプレシンによる血漿浸透圧の調節などにもかかわっています．

▶ 腎臓の構造

腎臓は，重さ120〜150 gほどのそら豆形をしており，左右一対で存在します※5．腎臓は，外側の**皮質**と，内側の**髄質**に分けられます（図3-29）．

- 腎臓 = kidney
- 尿管 = ureter
- 膀胱 = urinary bladder
- 尿道 = urethra
- 泌尿器系 = urinary system

- 循環血液量の調節 →4章4-4
- 血漿浸透圧の調節 →4章4-2

※5 腎臓の位置：右の腎臓は肝臓の下面に位置するため，左に比べてやや低い位置にあります．
- 皮質 = cortex
- 髄質 = medulla

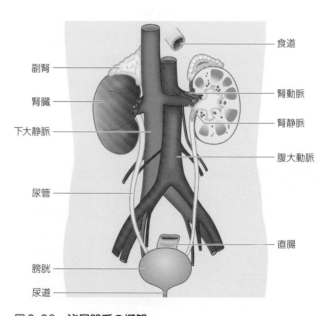

図3-28 泌尿器系の概観
泌尿器系は腎臓と尿路である尿管，膀胱，尿道からなり立っています．

● ネフロン

　腎臓の皮質と髄質には，尿を生成する微小な構造である**ネフロン**[※6]があります．このネフロンは，毛細血管の塊である**糸球体**とそれを取り囲む**ボーマン嚢**（糸球体とボーマン嚢をあわせて**腎小体**といいます），そして**尿細管**によって構成されます（図3-29）．

※6　ネフロン（nephron, 腎単位）：ネフロンは，片方の腎臓に約100〜150万個あるといわれています．
● 糸球体＝ glomerulus
● ボーマン嚢＝ Bowman's capsule
● 腎小体＝ renal corpuscle
● 尿細管＝ tubule

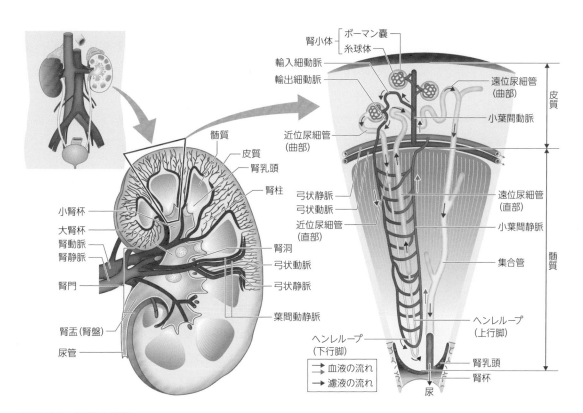

図3-29　腎臓の構造

腎臓は，左右一対で存在します．腎臓は，外側の皮質と，内側の髄質に大別されます．腎臓にあるネフロン（腎小体と尿細管をあわせたもの）と集合管は，尿の生成にかかわります．参考文献9をもとに作成．

● 尿細管

● 近位尿細管＝proximal tubule
● ヘンレループ＝Henle's loop，ヘンレの
ワナ，ヘンレ係蹄
● 遠位尿細管＝distal tubule

ボーマン嚢からつづく尿細管は，**近位尿細管**[●]，**ヘンレループ**[●]，**遠位尿細管**[●]の3つに分けられます.

近位尿細管は曲部と直部とに区別され，皮質の部分では曲がりくねっており（曲部），その後につづく部分はまっすぐになっています（直部）.

尿細管は，髄質に入ったあとに急に細くなり（下行脚），髄質の深部まで直行した後，Uターンして，上に向かいます（上行脚）.このUターンする部分はヘンレループとよばれます[※7].

※7　中間尿細管：ヘンレループの下行脚
と上行脚の部分は中間尿細管ともよばれる
場合があります.

その後，尿細管は，再び太くなって遠位尿細管となり（直部），皮質に戻ります.皮質では遠位尿細管はさらに曲がりくねって（曲部），腎小体の近くを通ります.

● 集合管＝collecting tube

● 腎乳頭＝renal papillae
● 腎杯＝renal calyx
● 腎盂＝renal pelvis，腎盤

いくつかのネフロンからくる遠位尿細管は**集合管**[●]に合流し，再び髄質に入り，**腎乳頭**[●]から**腎杯**[●]，**腎盂**[●]を経て，尿管へとつながります（図3-29）.尿管は腎臓の内側に入り込んでいる窪みの部分（**腎門**[※8]）から出ます.

※8　腎門（renal hilum）：窪みの内部は
腎洞とよばれます.

▶ 腎臓の血液の流れ

尿管だけでなく，血管（動脈や静脈）も，腎門を通って腎臓に出入りします（図3-29）.腎門から腎臓内に入る腎動脈は，分枝をくり返しながら細くなり，**輸入細動脈**[●]となります.輸入細動脈はボーマン嚢内で糸球体を形成し，**輸出細動脈**[●]となってボーマン嚢を出ます.輸出細動脈は，尿細管の周囲に毛細血管網を形成し，腎静脈となります.腎静脈は腎門から出て下大静脈に合流します（図3-28）.

● 輸入細動脈＝afferent arteriole

● 輸出細動脈＝efferent arteriole

※9　糸球体濾液：原尿，最終的には尿に
なります.

糸球体で濾過されて出てきた液体（**糸球体濾液**[※9]）と血液の流れはとても重要になるので，図3-29をよく見て理解しておきましょう.

▶尿の生成

　尿は血液から生成されます．本書では，尿生成の過程を以下の4つ
の段階に分けて説明します（図3-30）．

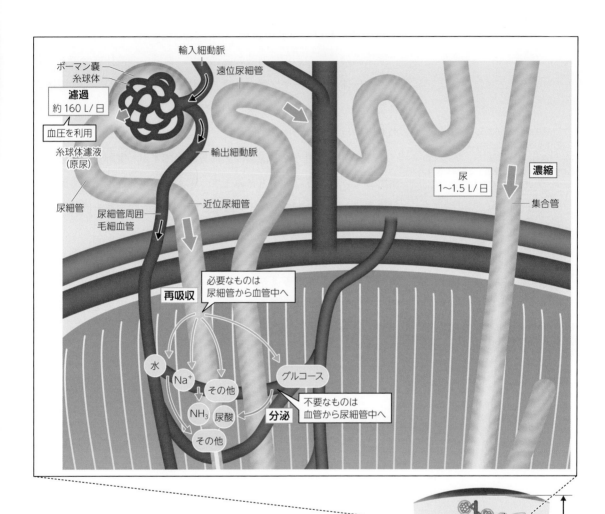

図3-30　尿生成の過程
尿は，濾過，再吸収，分泌，間質浸透圧勾配の形成，濃縮の過程を経て生成されます．

121

尿は血液から
作られるんだね！

① 腎小体における血液の濾過

② 近位尿細管における再吸収と分泌

③ ヘンレループにおける間質浸透圧勾配の形成

④ 集合管における尿の濃縮

● **腎小体における血液の濾過**

尿生成の最初の過程は血液の**濾過**です．血液中の液体成分である血漿が糸球体からボーマン囊へと濾過されます（**図3-30**）．この濾過された液体を糸球体濾液（原尿）とよびます．この糸球体における濾過の原動力になるのは血圧です[10]．

※10　尿生成における血圧の重要性：糸球体における濾過を生じさせるためには，平均血圧60 mmHgが必要です．血圧がこの値より低くなると，濾過ができなくなり，尿生成が停止してしまいます．

糸球体から濾過される濾液の大部分は水ですが，電解質や血漿中に溶解している小さな分子も含みます．尿素などの不要な物質も濾過されますが，グルコースやアミノ酸などの利用可能な物質も同時に濾過されて，濾液中に出ていきます．

糸球体において，濾過を受けるかどうかは，その物質の大きさによって大部分が決まります．細胞成分（血球）やアルブミン（分子量約66,000）などの大きな血漿タンパク質は，ほとんど濾過されません（**表3-4**）[11]．

※11　糸球体における濾過：分子量が小さくても，他の物質と結合しているものは濾過されません．

……通れないね…

表3-4　物質の大きさと糸球体での透過性

物質	分子量	分子の大きさ（nm）	透過性（濾液/血漿濃度比）
水	18	0.10	1.0
尿素	60	0.16	1.0
グルコース	180	0.36	1.0
スクロース	342	0.44	1.0
イヌリン	5,500	1.48	0.98
ヘモグロビン	64,500	3.25	0.03
アルブミン	66,000	3.55	< 0.01

糸球体において，小さな物質は濾過されますが，大きな物質はほとんど濾過されません．
参考文献9をもとに作成．

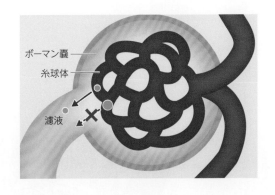

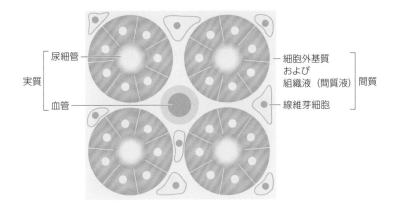

糸球体濾液の量は1日に160 Lに達するといわれています．しかし，健常成人の1日の尿量は1〜1.5 Lであることから，濾過された水のうち，99％以上が**再吸収**されていることになります．

● 近位尿細管における再吸収と分泌

腎臓には，ネフロン（腎小体，尿細管），集合管，血管などの機能を果たしている**実質**部分と，それらを取り囲む組織である**間質**があり，間質の細胞（線維芽細胞など）の間は細胞外基質と組織液（間質液）で満たされています[12]．

※12 実質性，中空性臓器：臓器のうち，内部が実質で満たされている臓器のことを実質性臓器（例．腎臓，肝臓など）といいます．一方，内部に空洞がある臓器を中空性臓器（管腔臓器，例：消化管，気管など）といいます．

糸球体濾液中に含まれている体内で利用可能な物質の大部分は，近位尿細管から間質に吸収されて血管中へ移動します（**再吸収**）．

Na^+，K^+，Ca^{2+}，HCO_3^-，HPO_4^{2-}などのイオンは70〜80％程度が再吸収されます．グルコース，アミノ酸，ビタミンなどは，ほぼ100％が再吸収されます（**図3-31**）．

多量のNa^+が再吸収されると，間質の浸透圧が上昇します．水は，この浸透圧の差に従って尿細管から間質へと移動し，最終的に血管内に吸収されます．この結果，濾過された水の約80％が近位尿細管で再吸収されることになります[13]．

※13 吸収量の調節：近位尿細管における水の再吸収は受動的に起こっているため，直接，水の再吸収量を調節することはできません．

123

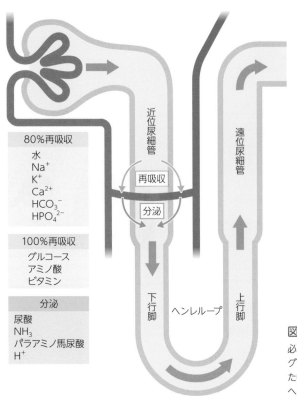

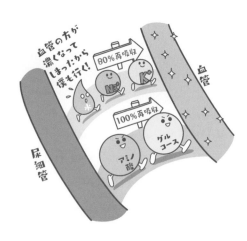

80%再吸収
水
Na^+
K^+
Ca^{2+}
HCO_3^-
HPO_4^{2-}

100%再吸収
グルコース
アミノ酸
ビタミン

分泌
尿酸
NH_3
パラアミノ馬尿酸
H^+

近位尿細管

遠位尿細管

再吸収

分泌

下行脚

ヘンレループ

上行脚

図3-31　尿細管における再吸収と分泌

必要な物質としてNa^+などは近位尿細管から80％再吸収され、グルコースなどはほぼ100％再吸収されます．一方，不要になった物質としてNH_3などは，尿細管の周囲の毛細血管から尿細管中へ排出（分泌）されます．参考文献35をもとに作成．

一方，体内に不必要となった物質が尿細管に排泄される**尿細管分泌**とよばれる働きがあり，アンモニア（NH_3）などは，近位尿細管周囲の毛細血管から近位尿細管中へ排出（分泌）されます[※14]．

※14　水素イオン（H^+）の分泌：体液のpHを一定に保つために役立ちます．

● ヘンレループにおける間質浸透圧勾配の形成

ヘンレループの下行脚では，尿細管から間質への水の透過性が高くなっており，水は間質に移行しやすくなっています（図3-32A）．この結果，尿細管の濾液は下行するにつれて濃縮されていき，浸透圧が髄質に向かってしだいに高くなります．間質に移行した水は血管に吸収されて流れるため，間質の浸透圧も尿細管内濾液と平衡を保って髄質側に向かうほど高くなります．

一方，上行脚ではNa^+とCl^-の透過性が高く（能動輸送が行われます），水の透過性は低くなっています．したがって，上行脚に入ると尿細管内濾液のNa^+とCl^-は間質へ移行します（図3-32B）．この結果，尿細管内濾液は皮質側に上行するにつれて希釈され，尿細管内濾液と間質の浸透圧も皮質側に向かうほど低くなります．

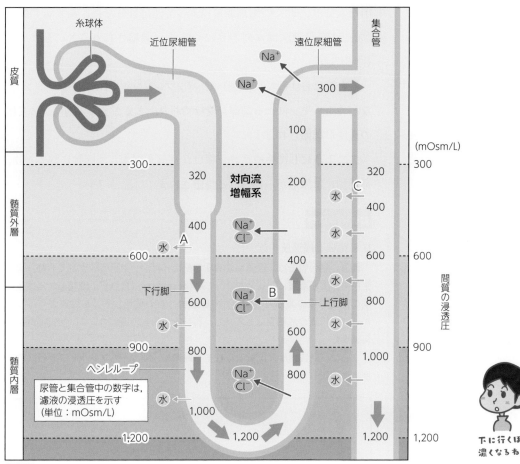

図3-32　浸透圧勾配の形成と尿の濃縮

ヘンレループの下行脚では水が透過しやすくなっており（水チャネルであるアクアポリンが存在），上行脚ではNa^+とCl^-が間質に移動しやすく（能動輸送が行われます），水は透過しにくくなっています．その結果，髄質側では間質の浸透圧が高く，皮質側では低く浸透圧勾配が形成されます．集合管では，尿の浸透圧は間質の浸透圧とのバランスを保とうとするため，下行すると尿中の水分は間質に出ていき，濃縮されることになります．参考文献35をもとに作成.

　このようなしくみによって髄質の深い方に向かうほど，間質の浸透圧が高くなる**間質浸透圧勾配**が形成されます（図3-32）．ヘンレループにおいて浸透圧勾配を形成・増幅するしくみは下行脚と上行脚で反対の機能が働くために生じることから，**対向流増幅系**とよばれます[※15]．この浸透圧の勾配は，次に述べる集合管での尿の濃縮にも重要な意味をもちます．

● 集合管における尿の濃縮

　尿細管の濾液が集合管に入って下行すると，水は髄質の間質浸透圧（浸透圧が高くなっている）に従って間質に吸い出されます．間質に

※15　濾液の浸透圧：溶液の浸透圧は，その溶液中にどのくらいの数の粒子（分子やイオンなど）が溶けているかによって決定されます．この粒子数をあらわす単位がOsm（オスモル）です．皮質で300 mOsm/Lほどの濾液の浸透圧は，乳頭の先端（髄質内層）では1,200 mOsm/Lまで達します．

出た水分は，近くの毛細血管に入って運ばれるため，集合管の濾液（尿）は髄質の深部に向かうにつれて，**濃縮**されることになります（図3-32C）.

集合管における水の透過性は，バソプレシン[16]やアルドステロン[17]などのホルモンによる調節を受けており，さまざまな要因によって尿の濃度が調節されます.

このようにして生成された尿は，尿管を経由して膀胱に貯められ，最終的には尿道から体外へと排出されます（図3-28）.

※16　バソプレシン：バソプレシンの刺激によって水の透過性が増加し，尿は濃縮されます.　→4章4-2
※17　アルドステロン：Na$^+$の吸収を促進し，水の吸収量を増やします.　→4章4-4

advance

尿素循環と浸透圧勾配

髄質の集合管では，尿素も浸透圧勾配にしたがって再吸収されるため，集合管中の尿素が間質に移行します. この移行した尿素は髄質に蓄積し，浸透圧勾配の形成や尿の濃縮にも寄与しています. この蓄積している尿素は，ヘンレループ上行脚の尿細管にも移行し，再び集合管まで運ばれます（髄質部尿素の再循環）.

さらに，髄質内層の間質に存在する尿素の一部は，ヘンレループ下行脚の下部にも移行します.

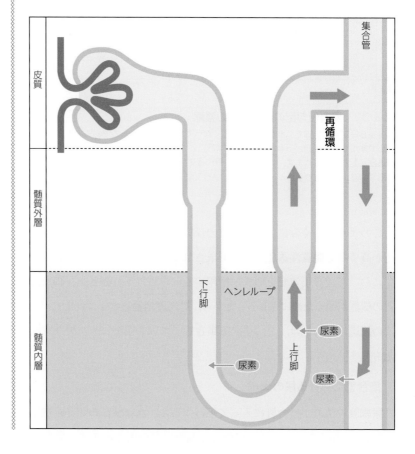

advance

体液の酸塩基平衡

　体内の酸と塩基が調節されて体液中のpH（水素イオン濃度［H^+］）が一定に保たれている状態のことを体液の**酸塩基平衡**といいます.

　通常，体液の1つである血漿のpHは7.40 ± 0.05（7.35 〜 7.45）に保たれています. このpHのバランスは，体内で酸と塩基のバランスを保つ炭酸−重炭酸緩衝系とよばれるしくみによって保たれています. 体内の二酸化炭素の量を呼吸により調節する呼吸器系（肺）の働き，重炭酸イオン（炭酸水素イオン）濃度［HCO_3^-］を再吸収により調節し，余分な酸を尿として排出する泌尿器系（腎臓）の働きなども大きくかかわります.

　何らかの原因により，酸塩基平衡が障害されて，血漿のpHが7.35より小さい酸性側に傾く過程は**アシドーシス**とよばれます. 反対に，血漿のpHが7.45より大きい塩基性（アルカリ性）側に傾く過程は**アルカローシス**とよばれます. 呼吸器系の異常を原因とするものを**呼吸性**，その他の異常を原因とするものを**代謝性**としてさらに細かく分類します（呼吸性アシドーシス，呼吸性アルカローシス，代謝性アシドーシス，代謝性アルカローシス）.

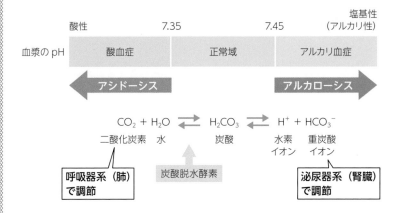

アシドーシスとアルカローシスの原因

	アシドーシス	アルカローシス
呼吸性	$CO_2\uparrow \Rightarrow H^+\uparrow = pH\downarrow$ **うまく呼吸できずCO_2が増加** 　例）呼吸減少，肺機能の低下（呼吸不全，気管支喘息，肺気腫，肺炎，CO_2ナルコーシスなど）	$CO_2\downarrow \Rightarrow H^+\downarrow = pH\uparrow$ **呼吸しすぎてCO_2が減少** 　例）呼吸増加（過換気症候群，高熱，精神状態の変化など）
代謝性	$H^+\uparrow$，$HCO_3^-\downarrow \Rightarrow pH\downarrow$ **代謝により過剰に酸が生産** 　例）飢餓，糖尿病（無処置），過剰な運動 **尿に酸が排泄されない** 　例）腎不全，毒物 **HCO_3^-が過剰に排泄** 　例）下痢，尿細管障害	$H^+\downarrow$，$HCO_3^-\uparrow \Rightarrow pH\uparrow$ **酸が過剰に排泄** **HCO_3^-の排出抑制，増加** 　例）嘔吐，利尿薬，制酸剤の飲みすぎ，原発性アルドステロン症

練 習 問 題

ⓐ 細胞内液と細胞外液の組成 (→図3-27)

❶ 細胞内液に多く含まれる陽イオンは何か答えてください.

❷ 細胞外液に多く含まれる陽イオンは何か答えてください.

ⓑ 泌尿器系 (→図3-30〜32, 表3-4)

❶ 次の物質のなかで, 糸球体でほとんど濾過されないものはどれか答えてください.

　①水　　②グルコース　　③アルブミン　　④アミノ酸　　⑤尿素

❷ 糸球体濾液中に含まれている利用可能な物質が, 近位尿細管から周囲の毛細血管中に移動することを何とよぶか答えてください.

❸ 血液に含まれている不必要な物質が, 周囲の毛細血管から近位尿細管中へ移動することを何とよぶか答えてください.

❹ ヘンレループによる浸透圧勾配を形成するしくみのことを何とよぶか答えてください.

練習問題の 解 答

ⓐ ❶ カリウムイオン（K⁺）

❷ ナトリウムイオン（Na⁺）

細胞内液は，細胞外液に比べて，K⁺の割合が高くなっています．細胞外液は，細胞内液に比べて，Na⁺やCl⁻の割合が高くなっています．これらの違いは，4章で学習する静止膜電位や活動電位の基礎になりますので，しっかり覚えておいてください．

ⓑ ❶ ③アルブミン

糸球体において，濾過を受けるかどうかは，その物質の大きさによって大部分が決まります．小さな物質（水，グルコース，アミノ酸，尿素など）は濾過されます．しかし，大きな物質（アルブミン）はほとんど濾過されません．

❷ 再吸収

❸ 分泌

❹ 対向流増幅系

ヘンレループにおける間質浸透圧勾配は，集合管での尿の濃縮と密接にかかわります．

1. 神経の構造と機能

学習の
ポイント!

- 神経系の概要について理解しよう

- 神経細胞の構造を理解しよう

- 静止電位と活動電位を理解しよう

- シナプス伝達を理解しよう

重要な用語

神経系

刺激を受けとり，反応を引き起こすまでの間の情報の
伝達や処理を行う器官.

神経細胞（ニューロン）

神経系を構成する細胞の1つ．細胞体，樹状突起，軸
索からなる．神経系において情報を伝え，情報の処理
を行う働きをもつ.

静止電位

細胞が静止状態のときに存在している細胞膜の内外に
おける電気的なエネルギーの差（電位差）．細胞膜外
の電位を基準の 0 mV とした場合に細胞膜内の電位は
マイナスになっている.

活動電位

細胞が刺激を受けて電気的に興奮状態となったときの
細胞膜の内外における電位差．細胞膜外の電位を基
準の 0 mV とした場合に，刺激によって細胞膜内の電
位がマイナスの静止電位からプラスに上昇し，再びマ
イナスの静止電位に戻るまでの過程のこと．インパル
ス，スパイクともいう.

シナプス伝達

シナプスとよばれる神経のつなぎ目を介して，神経細
胞の興奮が他の細胞に伝わること.

1. 刺激を受けとり反応するしくみ

▶神経系とは

われわれヒトを含め動物は，光，音，化学物質，熱や圧力などのさまざまな刺激を眼，耳，鼻，舌，皮膚などの**受容器**とよばれる器官で受けとり，骨格筋や外分泌腺・内分泌腺などの**効果器**とよばれる器官によって，刺激に応じた適切な**反応**を引き起こします．刺激の受容から反応の間の情報の伝達や処理に使われるのが**神経系**です（図4-1）．

● 受容器＝ receptor，感覚器

● 効果器＝ effector，作動体

● 反応＝ reaction

● 神経系＝ nervous system

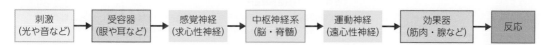

例えば，外敵が近づいてくるという刺激を眼で受けとると，その情報は脳に伝えられて処理が行われ，脳からの命令として筋肉に伝えられ，逃げるという反応・行動が引き起こされます．

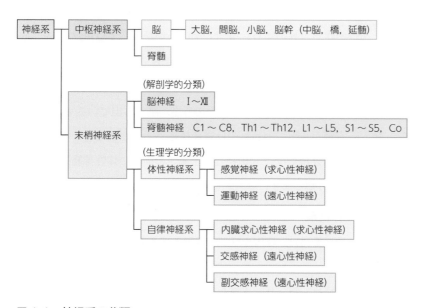

図4-1　神経系の分類

神経系は，中枢神経系と末梢神経系に分けられます．末梢神経系は，つくりによる分類（解剖学的分類）と，働きによる分類（生理学的分類）の2種類の分け方があります．

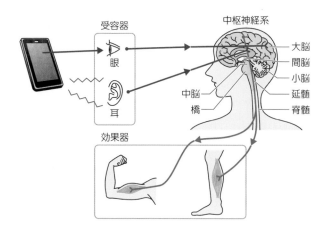

受容器

中枢神経系

大脳
間脳
小脳
延髄
脊髄

中脳
橋

眼

耳

効果器

図4-2　中枢神経系
中枢神経系は，脳と脊髄からなります．脳は，大脳，間脳，小脳，脳幹（中脳，橋，延髄）に分けられます．参考文献9をもとに作成．

中枢神経は

脳と脊髄！

● 中枢神経系＝central nervous system
● 脳＝brain
● 脊髄＝spinal cord
● 大脳＝cerebrum
● 間脳＝diencephalon
● 小脳＝cerebellum
● 脳幹＝brainstem
● 中脳＝midbrain
● 橋＝pons
● 延髄＝medulla oblongata
● 末梢神経系＝peripheral nervous system
※1　脳神経（cranial nerves）：脳神経は左右12対あります〔Ⅰ嗅神経，Ⅱ視神経，Ⅲ動眼神経，Ⅳ滑車神経，Ⅴ三叉神経（V1眼神経，V2上顎神経，V3下顎神経），Ⅵ外転神経，Ⅶ顔面神経，Ⅷ内耳神経，Ⅸ舌咽神経，Ⅹ迷走神経，Ⅺ副神経，Ⅻ舌下神経〕．
※2　脊髄神経（spinal nerves）：脊髄神経は左右31対あります〔第1頸神経（C1）～第8頸神経（C8），第1胸神経（Th1）～第12胸神経（Th12），第1腰神経（L1）～第5腰神経（L5），第1仙骨神経（S1）～第5仙骨神経（S5），尾骨神経（Co）〕．
● 体性神経系＝somatic nervous system
● 自律神経系＝autonomic nervous system
● 感覚神経＝sensory nerve，感覚ニューロン，知覚神経
● 運動神経＝motor nerve，運動ニューロン
● 求心性神経＝afferent nerve，centripetal nerve，求心性ニューロン

▶ 脳と脊髄は中枢神経系

　多数の神経がまとまっており，神経系の中心，司令塔（中枢）として情報の処理を担っている神経系を**中枢神経系**といい，**脳**と**脊髄**があります（図4-2）．

　脳は，**大脳**，**間脳**，**小脳**，**脳幹**（**中脳**，**橋**，**延髄**）に区分されます（図4-2）．

▶ 中枢神経系以外は末梢神経系

　中枢神経系以外の全身に分布している神経系を**末梢神経系**といいます．末梢神経系の分類には，つくりによる分類（解剖学的分類）と，働きによる分類（生理学的分類）があります（図4-1）．

　解剖学的分類では，末梢神経系のうち，脳から出ているものは**脳神経**※1，脊髄から出ているものは**脊髄神経**※2とよばれます．

　生理学的分類では，末梢神経系を働きの面から**体性神経系**と**自律神経系**に分類します．

● 体性神経系

　体性神経系には，身体の感覚と運動を司る**感覚神経**と**運動神経**があります．

　感覚神経は，眼，耳，皮膚などの受容器から中枢神経系に情報を伝えます．この中枢に向かう神経は心（脳）を求める神経という意味で**求心性神経**ともよばれ，その神経の通る経路は上（脳）に向かうの

で**上行路（求心路）**といいます.

　運動神経は，中枢神経系から骨格筋に命令を伝えて運動を引き起こします. この中枢から離れる神経は心（脳）から遠ざかる神経という意味で**遠心性神経**●ともよばれ，その神経の通る経路は下（末梢）に向かうので**下行路（遠心路）**といいます.

● 遠心性神経＝ efferent nerve, centrifugal nerve, 遠心性ニューロン

受容器 (感覚器)	→	感覚神経 〔求心性神経（上行路，求心路）〕	→	中枢神経系 (脳・脊髄)	→	運動神経 〔遠心性神経（下行路，遠心路）〕	→	効果器 (骨格筋)

● 自律神経系

　自律神経系には，内臓器官の感覚受容器から中枢神経系に内臓感覚の情報を伝える求心性神経の**内臓求心性神経**[※3]と，中枢神経系から内臓器官に命令を伝える遠心性神経で，循環，呼吸，消化，代謝など体内環境の維持にかかわる自律機能の調節に働く**交感神経**[※4]と**副交感神経**[※5]があります.

　交感神経が優位に働くと瞳孔を開いて情報を多く受けとれるようにし，心拍数を上げ，消化器系の働きを抑えるなど，からだを活動的な状態にします. 副交感神経が優位に働くと瞳孔を縮め，心拍数を下げ，消化器系の働きを活発にするなど，からだを休めて消化を促進する状態にします.

　内臓器官には交感神経と副交感神経の両方が分布していることが多く（**二重支配**，図4-3），一般的には一方が促進すれば，一方は抑制といった逆の反応をするように拮抗的（相反的）に働きます（**拮抗支配**）. 例えば，心拍数は交感神経の働きによって増加し，副交感神経の働きによって減少します. しかし，唾液の分泌のように交感神経と副交感神経の両方で促進され，拮抗的でない場合もあります. また，交感神経，副交感神経のどちらか一方からしか支配を受けない内臓器官もあります[※6].

※3　内臓求心性神経（visceral afferent, 内臓求心性線維）：自律神経系は遠心性神経であると最初に定義されていたこともあり，定義上，内臓求心性神経を自律神経系に含まない場合もあります.
※4　交感神経（sympathetic nervous system）：交感神経は胸髄，腰髄から出ます.
※5　副交感神経（parasympathetic nervous system）：副交感神経は脳幹，仙髄から出ます.

※6　二重支配を受けていない器官：瞳孔散大筋，皮膚の立毛筋，汗腺，多くの血管の平滑筋，副腎髄質などは交感神経のみ，瞳孔括約筋は副交感神経のみから支配を受けます.

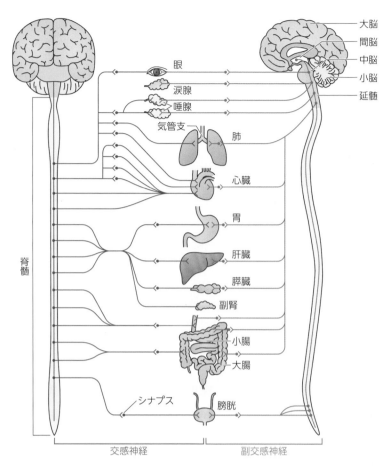

眼
涙腺
唾腺
気管支
肺
心臓
胃
肝臓
膵臓
副腎
小腸
大腸
シナプス
膀胱

大脳
間脳
中脳
小脳
延髄

脊髄

交感神経　　　　　副交感神経

図4-3　交感神経と副交感神経の主な分布
参考文献5をもとに作成.

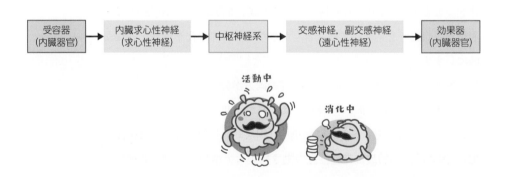

| 受容器
(内臓器官) | → | 内臓求心性神経
(求心性神経) | → | 中枢神経系 | → | 交感神経, 副交感神経
(遠心性神経) | → | 効果器
(内臓器官) |

活動中　　　消化中

2. 神経系はどのようにできている？

▶ 情報を伝える神経細胞

● 神経細胞＝neuron

　神経系を構成する細胞として，**神経細胞（ニューロン）**[*]があります．

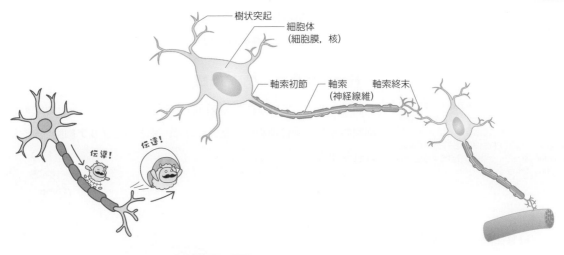

図4-4　神経細胞の構造
神経細胞には細胞体，樹状突起，軸索といった構造がみられます．

神経細胞は，神経系において情報を伝え，情報の処理を行う働きをもちます．神経細胞は，細胞膜に包まれ核をもつ**細胞体**[※7]とそこから伸びる多数の突起からなります．一本の長く突出した突起を**軸索**[※8]といい，枝分かれした複数本の短い突起を**樹状突起**といいます（図4-4）．

　神経細胞の形態にはさまざまなものがありますが，樹状突起は外部から情報を受けとる入力部分となり，入力された情報は細胞体で統合されます．軸索のはじまる部分（起始部）は少し太くなっていて**軸索初節**とよばれ，統合された情報がここから電気信号となって出力[※9]され（**興奮**），軸索上を伝わっていきます（**伝導**）．軸索の終わる末端の部分は**軸索終末**とよび，ここから次の神経細胞や骨格筋などの効果器に情報を伝えます（**伝達**）．

▶軸索を取り囲む髄鞘

　神経細胞には，軸索を何重にも取り囲んでいる膜構造がみられる場合があります．この膜構造は**髄鞘**とよばれ，脂質[※10]を多く含みます．髄鞘は0.1～1mm程度の長さで，髄鞘と髄鞘の間には**ランビエ絞輪**[※11]とよばれる隙間があいています．髄鞘は絶縁体として軸索を外部から電気的に遮断したり，軸索に栄養を与えたりなど，さまざまな神経機能の調節を担っています．

[※7] 細胞体（cell body, soma）：神経細胞の細胞体は，体細胞と同様に細胞小器官をもちます．
[※8] 軸索（axon, 神経線維）：軸索は短いものだと数mmから長いものだと1mにも及びます．
● 樹状突起＝dendrite

● 軸索初節＝axon initial segment：AIS, axon hillock，軸索丘，軸索小丘，軸索起始部
[※9] 出力：軸索初節で最初の活動電位が発生します．
● 興奮＝excitation，電気的興奮
● 伝導＝conduction
● 軸索終末＝axon terminal，神経終末：nerve ending
● 伝達＝transmission

● 髄鞘＝ミエリン，ミエリン鞘，myelin
[※10] 髄鞘の脂質：髄鞘は，脂質を約70～80％と多く含むため白色に見えます．脳や脊髄の白質は，髄鞘をもつ有髄神経線維が多いため白く見えます．
[※11] ランビエ絞輪（node of Ranvier）：約1μm程度の隙間です．

このような髄鞘をもつ軸索は**有髄神経線維**（有髄線維）といいます．髄鞘をもたない軸索は**無髄神経線維**（無髄線維）といいます（図4-5）．

▶神経の接着剤，グリア細胞

髄鞘を形成している細胞（髄鞘形成細胞）など，神経系を構成する細胞のうち，神経細胞ではないものは，まとめて**グリア細胞**[※12]とよばれます．

※12　グリア細胞（glial cell，神経膠細胞）：グリアとは膠（にかわ，動物の皮や骨からつくられる接着剤）や糊（のり）を意味し，グリア細胞は神経細胞と神経細胞の間にあってくっつける役目をする細胞を意味しています．

自律神経系の機能

COLUMNS

交感神経は身体活動が高まる状況やストレスにさらされている状況などで働きます．例えば，外敵が現れたときの身体反応を考えてみるとわかりやすいでしょう．もし外敵が現れたら，闘争するか，逃走するかをしなければなりません（闘争・逃走反応：fight or flight response）．このような状況で生じる交感神経による反応を見てみましょう．

① 心拍数と心筋の収縮力を上げ，心拍出量を増加させて，骨格筋に多くの血液を送り込みます．
② 骨格筋の血流を増加させるために末梢の血管は収縮させ，骨格筋や心筋の血管は拡張させます．
③ 肺にたくさんの酸素を取り込めるように気管支を弛緩させて拡張させます．
④ グリコーゲンと脂肪を分解してエネルギー（グルコース）を使えるようにします（グリコーゲン代謝については2章2-3参照）．
⑤ 瞳孔を広げ（瞳孔散大，散瞳），毛様体筋を弛緩させて（遠くにピントをあわせて），よく見えるようにします（視覚器については4章3-2参照）．
⑥ 立毛筋の収縮によって毛（鳥肌）が立ちます．
⑦ こんな状況では食べものの消化をしている場合ではないので，消化機能を抑制します．

⑧ こんな状況では排尿をしている場合ではないので，膀胱を弛緩させて広げ，尿道括約筋を収縮させて排尿を抑制します（泌尿器については3章3-3を参照）．
⑨ 同様に排便を抑制します．

一方，副交感神経は安静にしている状況，リラックスしている状況などで働きます．例えば，ご飯を食べて休んでいるときや寝ているときの身体反応となります．副交感神経による反応は，基本的には交感神経と逆の反応になります．

① 心拍数と心筋の収縮力を下げ，心拍出量を減少させます．
② 気管支を収縮させます．
③ グリコーゲンと脂肪の合成を促してエネルギーを貯めます．
④ 瞳孔は縮め（縮瞳），毛様体筋は収縮させます（近くにピントをあわせる）．
⑤ 涙腺からの涙の分泌を促進します．
⑥ 消化機能を促進して，消化・吸収を促します．
⑦ 膀胱を収縮させ，尿道括約筋を弛緩させて排尿を促進します．
⑧ 同様に排便を促進します．

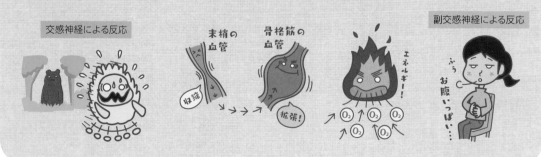

交感神経による反応　　末梢の血管　骨格筋の血管　エネルギー！！　副交感神経による反応　ふう　お腹いっぱい…

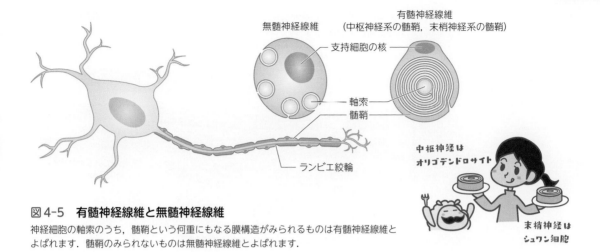

図4-5　有髄神経線維と無髄神経線維
神経細胞の軸索のうち，髄鞘という何重にもなる膜構造がみられるものは有髄神経線維とよばれます．髄鞘のみられないものは無髄神経線維とよばれます．

　中枢神経系に存在するグリア細胞には，**アストロサイト**，**オリゴデンドロサイト**，**ミクログリア**，**上衣細胞**があり，末梢神経系に存在するグリア細胞には**シュワン細胞**があります．グリア細胞は髄鞘の形成だけでなく，さまざまな機能を担っています．

●アストロサイト＝ astrocyte，星状膠細胞，アストログリア
●オリゴデンドロサイト＝ oligodendrocyte，希突起膠細胞，希突起神経膠細胞，オリゴデンドログリア
●ミクログリア＝ microglia，小膠細胞，オルテガ細胞
●上衣細胞＝ ependymal cells
●シュワン細胞＝ Schwann cell

advance

グリア細胞の種類とその構造・機能

　アストロサイト[13]の樹状突起は細かく枝分かれしていて広い範囲に広がっており，1つは血管に接触しています．アストロサイトの合間に神経細胞が配置され，脳の機能的な構造を維持しています．また，アストロサイトにはさまざまなイオンチャネル，担体，イオンポンプが存在しており，神経細胞の細胞外のイオン濃度の調節や神経細胞へのエネルギーの供給，放出された神経伝達物質の除去，血液脳関門として脳内に有害物質が入らないように防ぐ役割，神経細胞の栄養となる因子をつくるなど，脳機能の維持に関与しています．

　オリゴデンドロサイト[14]は軸索に巻き付いて中枢神経系の有髄神経線維において髄鞘を形成しており，興奮の伝導速度の促進に役立っています．

　ミクログリア[15]は小さな細胞体から多数の突起を伸ばしています．脳内に障害を受けた細胞があるとアメーバ状に形態を変化させて貪食するなど，食作用によって異物を除去する役割をしています．

　上衣細胞は，脳室とよばれる中枢神経系の内部にある空間の表面を覆って壁をつくっています．上衣細胞には動く運動性の線毛をもつものがあり，脳脊髄液や物質の運搬に役立っていると考えられています．

　シュワン細胞[16]は，末梢神経系の無髄神経線維が他の組織に直接接しないように数本の軸索を包んでいます．また，オリゴデンドロサイトと同様に末梢神経系の有髄神経線維において髄鞘を形成しています．さらに，軸索の再生などにも関与しています．

　他にも**放射状グリア**や網膜にあるグリア細胞の**ミュラー細胞**などがあり，これらは神経細胞などを生み出す**神経幹細胞**であると考えられています．

※13　アストロサイト：染色して見える形からギリシャ語で「星のような細胞」という意味です．

●イオンポンプ　→1章1-2

●神経伝達物質　→本項5

※14　オリゴデンドロサイト：「少ない突起をもつ細胞」という意味です．
※15　ミクログリア：中枢神経系のマクロファージともよばれ，免疫系細胞であると考えられています．

※16　シュワン細胞：神経成長因子（NGF）を分泌して軸索の再生を誘導します．

●放射状グリア＝ radial glia
●ミュラー細胞＝ Müller cell
●神経幹細胞＝ neural stem cell

また，末梢神経系の神経細胞の集合体（神経節）を取り囲む**外套細胞**[●]とよばれるものもあります．

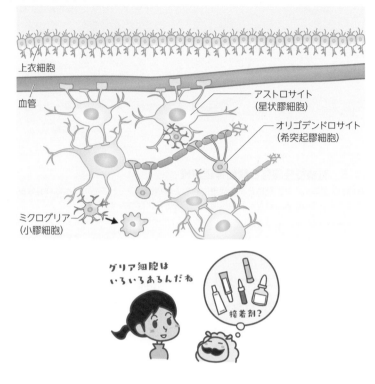

上衣細胞

血管

アストロサイト
（星状膠細胞）

オリゴデンドロサイト
（希突起膠細胞）

ミクログリア
（小膠細胞）

グリア細胞は
いろいろあるんだね

接着剤？

▶ 神経のつなぎめ，シナプス

神経細胞と神経細胞，もしくは神経細胞と骨格筋など，他の細胞へと情報を伝えるための接続部分とその構造（接触構造）を**シナプス**[●]といいます（図4-6）．このシナプスという構造によって神経細胞は他の細胞に情報の伝達を行っています．軸索終末のシナプスが結合する部分はやや膨らんでいて，**シナプス前終末**[●]といいます．ここには**神経伝達物質**[●]の入ったシナプス小胞や電位依存性のカルシウムチャネルなどが存在しており，これらは情報伝達[●]の際に機能します．

シナプスの前側で情報を出力する側の細胞を**シナプス前細胞**[●]とよび，シナプスの後側で情報が入力される側の細胞を**シナプス後細胞**[●]とよびます（図4-6）．シナプス前細胞の軸索終末にあるシナプス前終末が，シナプス後細胞の樹状突起に接触しているものが一般的です[※17]．

大脳皮質の神経細胞の樹状突起には**樹状突起スパイン**[※18]とよばれるシナプスの入力を受ける小さな棘のような突起もあります．神経細胞と骨格筋の接続部分を構成するシナプスは**神経筋接合部**[●]とよばれます．

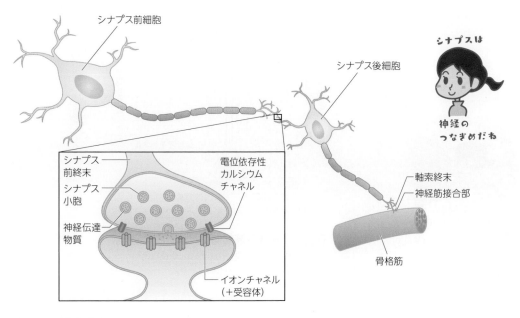

シナプスは

神経の
つなぎめだね

図4-6　シナプス
神経細胞と神経細胞（もしくは他の細胞）の接続部分はシナプスとよばれます．シナプスでは神経伝達物質やイオンによる情報伝達が行われます．

3. 神経のはたらき①静止電位と活動電位

▶静止電位

　神経細胞が刺激を受けておらず，興奮の生じていない状態（**静止状態**）のとき，細胞膜の外側の電気的なエネルギーの高さ（電位）を0 mV（基準）とした場合，細胞膜の内側の電位はマイナス（負）になっています[19]．このような細胞膜の内外に存在する電位差を**膜電位**[20]とよび，静止状態における電位差を**静止電位**[●]といいます．また，このような静止状態において電位差の存在している状態〔細胞膜を挟んでプラス（正）の極とマイナス（負）の極に分かれている状態〕を**分極**[●]した状態（分極状態）とよびます．

　細胞の内外にはさまざまイオンが存在しており，イオンポンプやイオンチャネルなどによって，細胞膜の内側と外側の間にイオンの濃度の違い[●]（**イオン濃度勾配**[●]）と電気的な性質の違い（**電気的勾配**[●]）をつくり出しています[21]．例えば，通常は細胞外にはナトリウムイオン（Na^+）が多く，細胞内にはカリウムイオン（K^+）が多くなっており，細胞膜の内側はマイナスの電位になっています．こうした細胞

プラスと
マイナスに
分かれて
いるね

※19　細胞膜の電位：静止状態の際に細胞表面に基準電極を置き，細胞内に測定電極を置いた場合，神経細胞ではおよそ−70 mV〜−60 mV，骨格筋や心筋ではおよそ−90 mV〜−80 mVとなっています．
※20　膜電位（membrane potential）：膜電位は神経細胞だけでなくすべての細胞に存在します．
●静止電位＝resting potential，静止膜電位：resting membrane potential
●分極＝polarization
●体液中のイオン濃度　→3章3-1
●イオン濃度勾配＝ionic gradient
●電気的勾配＝電位勾配，electrical gradient
※21　電気化学勾配（electrochemical gradient）：イオン濃度勾配と電気的勾配をあわせて電気化学勾配とよぶこともあります．

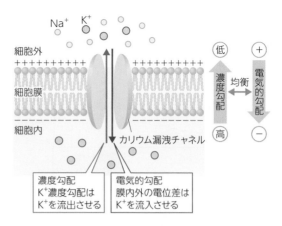

図4-7　イオン濃度勾配と電気的勾配
細胞膜内外のイオン濃度のかたよりや電気的なかたよりは，静止電位や興奮の発生にかかわります．

膜内外におけるイオン濃度勾配や電気的勾配が静止電位や興奮の発生にかかわります（図4-7）．

advance

静止電位が生じるしくみ

　静止電位にはさまざまな物質が関係し，そのしくみはとても複雑ですが，ここでは特に静止電位の決定に大きな役割を果たしている K^+ の動きに注目して静止電位が生じるしくみを説明します．

① 細胞膜にあるナトリウムポンプによる能動輸送によって，Na^+ は細胞の外に出され，K^+ は細胞の中に取り込まれます[22]．したがって，K^+ の濃度は細胞内で高くなっており，Na^+ の濃度は細胞外で高くなっています（イオン濃度勾配）．

② 細胞膜には開きっぱなしのカリウムチャネル（カリウム漏洩チャネル●）があり，K^+ は Na^+ よりも透過性がとても高くなっています[23]．したがって，K^+ は濃度勾配に従って細胞の中から細胞の外に出ます．このとき，細胞膜の内側の電位はプラスの電荷をもつ K^+ の損失によってマイナスとなります（電気的勾配）．

③ K^+ はプラス（正）に帯電しているので，電気的勾配によって，細胞膜の内側のマイナス（負）に引き付けられて，K^+ の細胞外への排出は妨げられ，細胞内に K^+ が引き戻されます．

④ 結果としてナトリウムポンプの働きによってつくり出された K^+ を細胞外に排出する力となるイオン濃度勾配と K^+ を細胞内に引き戻す力となる電気的勾配がつりあった状態（**平衡状態**）[24]となり，細胞外に出る K^+ の量と細胞内に入る K^+ の量が一定となって，見かけ上は止まってみえる状態となります．

⑤ この状態のとき（静止状態）の細胞膜の電位は，細胞膜の内側が細胞膜の外側に比べてマイナスの電位となっています．静止電位では，細胞膜をはさんで内側がマイナス，外側がプラスでちょうどつりあう状態となっているのです．

※22　ナトリウムポンプ：ATP1個を分解して3個の Na^+ を排出し，2個の K^+ を取り込みます．

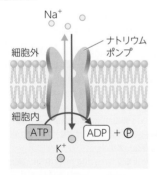

●カリウム漏洩チャネル＝ K^+ leakage channel，K^+ リークチャネル

※23　ナトリウム漏洩チャネル：カリウム漏洩チャネルよりも数が少ないので本書では Na^+ の影響については省略します．

※24　カリウムイオンの平衡電位：K^+ が平衡状態となるときの電位．

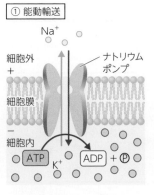

① 能動輸送

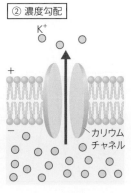

② 濃度勾配

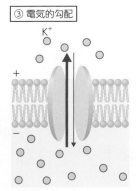

③ 電気的勾配

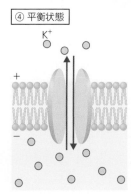

④ 平衡状態

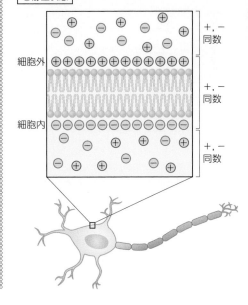

⑤ 静止状態

▶活動電位

　神経細胞がある一定以上の強さの刺激（**閾刺激**）を受けると電気信号が発生して，神経細胞の軸索を伝わっていきます（伝導）．この電気信号が発生することを興奮する[25]といい，膜電位が静止状態のマイナスからプラス[26]になるまで上昇してからもとの静止状態に戻ります．このような興奮時に生じる電位の変化を**活動電位**といいます．活動電位が生じることを**発火**するといいます．

● 活動電位が生じるしくみ

　静止状態から刺激を受けて活動電位が生じるしくみについて説明していきます（図4-8 ①〜⑦）．

[25] 興奮性細胞（excitable cell）：刺激を受けると活動電位が発生して興奮の生じる細胞を興奮性細胞といい，神経細胞のほか，心筋細胞，骨格筋細胞，平滑筋細胞などがあります．

[26] 膜電位の上昇：マイナス（およそ −70 mV）からプラス（およそ ＋30 mV）へ上昇．

● 活動電位＝action potential，インパルス，スパイク

まさか伝説の…？

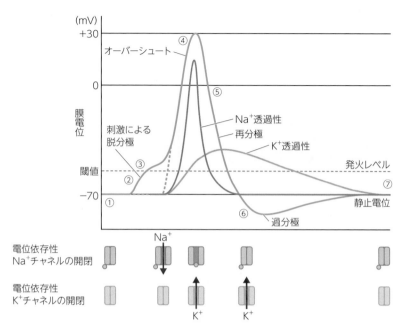

（mV）
+30

オーバーシュート ④

0

膜電位

刺激による脱分極
Na⁺透過性
再分極
K⁺透過性
発火レベル

閾値
②
③
⑤

−70
①
⑥ 過分極
静止電位
⑦

Na⁺

電位依存性
Na⁺チャネルの開閉

電位依存性
K⁺チャネルの開閉

K⁺ K⁺

図4-8　活動電位が生じるしくみ
神経細胞がある一定以上の強さの刺激（閾刺激）を受けると，活動電位が生じます．

●脱分極＝depolarization

●閾値＝threshold
※27　閾膜電位：活動電位を発生させるのに必要な最小の刺激となる膜電位．
※28　電位依存性ナトリウムチャネル（電位作動性ナトリウムチャネル）：細胞内電位が高くなったときに開くチャネル．
※29　ゲートの開閉：チャネルのゲートの開閉は1ミリ秒程度です．

※30　オーバーシュート（overshoot, 陰陽逆転）：英語で行き過ぎるという意味です．

※31　不活性化状態：電位依存性チャネルのゲートには，膜電位に依存して脱分極状態で開く活性化ゲートと，活性化ゲートが開くと間もなく閉まり不活性化状態をつくる不活性化ゲートがあります．

① 神経細胞は，前述の通り静止状態ではイオンポンプやイオンチャネルの働きによって静止電位（細胞膜の内側が電気的にマイナスの状態）となっています．

② 神経細胞に刺激が加わると，電気的にマイナスになっていた膜電位が上昇して，プラスの方向に向かいます．この変化を静止状態の分極状態から脱するという意味で**脱分極**とよびます．

③ 膜電位がある一定の値（**閾値**）以上の電位（**閾膜電位**[27]）を超えると，**電位依存性ナトリウムチャネル**[28]のゲートが開いて[29]，Na⁺の透過性が増加し，Na⁺が濃度の高い細胞外から濃度の低い細胞内に大量に流入します．

④ プラスの電荷をもつNa⁺の流入によって，細胞膜内の電位が急激に上がり，マイナスだった細胞膜内はプラスに転じます（逆転電位）．このように膜電位が0 mVを越えてプラスになる状態を**オーバーシュート**[30]とよびます．

⑤ 細胞膜内の電位の上昇（およそ＋30 mV）によって，電位依存性ナトリウムチャネルが不活性化状態[31]となり，Na⁺の流入は止まります．同時に電位依存性カリウムチャネルのゲートが開いて，K⁺

の透過性が増加し，細胞膜内に多いK⁺は細胞膜の外に流出します．その結果，再び細胞膜内の電位はプラスからマイナスになります．この変化を再び分極状態に向かうという意味から**再分極**といいます．

⑥K⁺はどんどん細胞膜の外に流出していきますが，電位依存性カリウムチャネルが閉じるのは膜電位の変化よりも少し遅れるので，静止電位よりも電位はさらに下がります．このとき，分極の状態を通り過ぎてしまうので，この状態を**過分極**といい，**アンダーシュート**ともよばれます．

● 過分極＝hyperpolarization，後過分極：afterdepolarization
● アンダーシュート＝undershoot

⑦電位依存性カリウムチャネルのゲートが閉じ，電位依存性ナトリウムチャネルの不活性化状態が終了すると，ナトリウムポンプの働きによって，細胞膜外に流出したK⁺を細胞膜の内側に戻し，細胞膜内に流入したNa⁺を細胞膜の外側に戻します．すると静止状態に戻ります．

advance

イオンチャネルの種類

①細胞膜内外の電位差（膜電位）に応じて開閉するチャネルを**電位依存性イオンチャネル**といいます．活動電位の発生にかかわる電位依存性ナトリウムチャネルや電位依存性カリウムチャネルなどがあります．

● 電位依存性イオンチャネル＝電位作動性イオンチャネル

②特定の物質（リガンド）が受容体に結合すると開くチャネルを**リガンド依存性イオンチャネル**といいます．シナプス伝達にかかわり，神経伝達物質が受容体に結合すると開く伝達物質依存性イオンチャネルなどがあります．

● リガンド依存性イオンチャネル＝リガンド作動性イオンチャネル，イオンチャネル内蔵型受容体

③機械刺激により開くチャネルを**機械刺激依存性イオンチャネル**といいます．内耳の有毛細胞などにみられます．

● 機械刺激依存性イオンチャネル＝機械刺激受容チャネル

④常時開口しており濃度勾配に従って特定のイオンを漏れ出させるチャネルを**漏洩チャネル**といいます．静止電位の形成にかかわるカリウム漏洩チャネルなどがあります．

● 漏洩チャネル＝漏出チャネル，リークチャネル

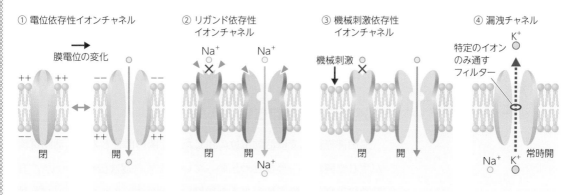

① 電位依存性イオンチャネル　　② リガンド依存性イオンチャネル　　③ 機械刺激依存性イオンチャネル　　④ 漏洩チャネル

▶ 全か無かの法則

1つの神経細胞に生じる活動電位の大きさは，刺激の強さにかかわらず一定となります．刺激の強さが閾値より小さいときは，活動電位は生じず，膜電位はすぐに元の静止電位に戻ります．したがって，活動電位は発生する（全，ON）か，発生しない（無，OFF）かのどちらかとなります．これを**全か無かの法則**[●]といいます．

4. 神経のはたらき② 興奮の伝導のしくみ

▶ 興奮の伝導

神経細胞の軸索の1カ所に興奮（活動電位）が生じると，軸索のすぐ隣の部分との間に**活動電流（局所電流）**とよばれる微弱な電流が生じます．この活動電流が刺激となって，隣の部分に次の活動電位が生じます．これが次々に隣に移っていくことによって興奮の伝導[※32]が生じます（図4-9）．

※32　興奮の伝導：興奮の伝導は1つの軸索を伝わっていき，隣にある他の神経細胞の軸索に乗り移ることはありません（絶縁性伝導）．興奮（活動電位）の大きさは減衰することなく，一定の大きさのまま伝導します（不減衰伝導）．

▶ 不応期

一度，興奮（活動電位）が生じると，電位依存性ナトリウムチャネルの不活性化状態がしばらく続くため，新たな刺激を受けてもその部分ではしばらく興奮（新たな活動電位）は生じなくなります．この期間を**不応期**[※33]といいます．

神経細胞の軸索を1つ取り出して実験的に刺激すると興奮は細胞体と神経終末の両方向に伝わります（両側性伝導）．しかし，実際の神経細胞では細胞体から神経終末の方向に興奮は伝わります．これは，不応期があるため，興奮の伝導は後戻り（逆流）することなく細胞体から神経終末の方向へ一方向（順行性）に伝わるためです（図4-9）．

※33　不応期（refractory period）：どのような刺激にも反応しない絶対不応期と，ある程度強い刺激であれば反応する相対不応期があります．

▶ 逐次伝導と跳躍伝導

無髄神経線維では活動電位の生じたすぐ隣の部分との間に活動電流が生じて興奮が一つひとつ伝わっていきます（**逐次伝導**）．一方，有髄神経線維では絶縁体のような髄鞘に覆われているため，ランビエ絞輪の部分のみに活動電流が流れ，髄鞘の部分を飛び越えて興奮が伝わります（**跳躍伝導**[●]，図4-10）．したがって，有髄神経線維は，無髄

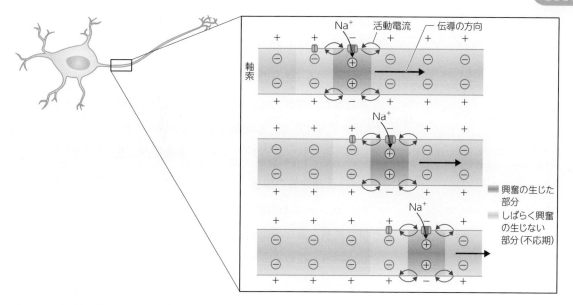

図4-9 興奮の伝導

興奮が生じると，軸索のすぐ隣の部分との間に活動電流が生じます．一度興奮が生じると，新たな刺激を受けてもその部分ではしばらく興奮は生じなくなります（不応期）．

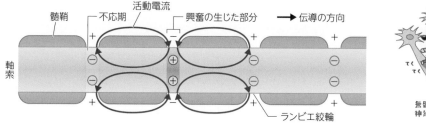

図4-10 有髄神経線維における跳躍伝導

有髄神経線維では髄鞘の部分を飛び越えてすみやかに興奮が伝わります（跳躍伝導）．

神経線維よりも伝導の速度は速くなります．また，神経線維は太い方が伝導の速度は速くなります※34．

※34 伝導速度：温度も伝導速度に影響を及ぼし，温度が高い方が伝導の速度は速くなります．

5. 神経のはたらき③
シナプスでの情報伝達のしくみ

▶シナプス伝達のしくみ

　神経の興奮が他の細胞に伝わることを伝達といい，シナプスとよばれるつなぎ目で生じます．シナプスの構造は前で説明したので，ここ

ではシナプスにおける伝達（**シナプス伝達**）のしくみについて説明していきます（図4-11①～④）.

① カルシウムイオンの流入

神経細胞の興奮（活動電位）がシナプス前細胞のシナプス前終末（末端）に達すると，細胞膜にある電位依存性カルシウムチャネルが開いて，カルシウムイオン（Ca^{2+}）が細胞内に流入します[※35].

※35 カルシウムイオン濃度：通常，細胞内で低くなっています.

② 神経伝達物質の放出

Ca^{2+}がシナプス前細胞の細胞内に入ってくると**シナプス小胞**[●]が**シナプス前膜**に融合（膜融合）して，シナプス小胞の中に入っていた神経伝達物質が細胞膜の外（**シナプス間隙**[●]）に放出されます（エキソサイトーシス[●]）.

●シナプス小胞＝ synaptic vesicle

●シナプス間隙＝ synaptic cleft

●エキソサイトーシス　→1章1-3

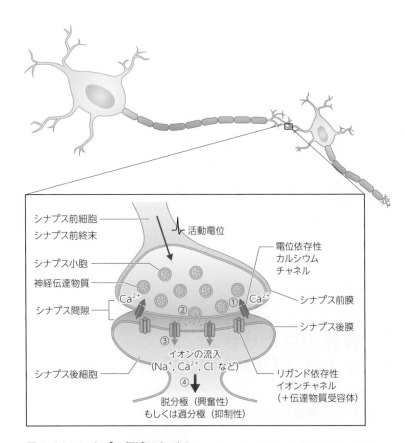

図4-11　シナプス伝達のしくみ

神経伝達物質がシナプス前終末から放出され，シナプス後細胞の受容体に結合することでシナプス伝達が行われます.

③ リガンド依存性イオンチャネルが開く

神経伝達物質がシナプス間隙に拡散すると，**シナプス後膜**（シナプス下膜）にある神経伝達物質の結合する受容体（**イオンチャネル型伝達物質受容体**）に作用して，**リガンド依存性イオンチャネル**が開きます．

受容体

チャネルが
開いた！

④ シナプス後細胞の脱分極

その結果，シナプス後膜のイオンの透過性が変化して，Na^+の細胞内への流入などが起こり，シナプス後細胞を脱分極させます．脱分極が活動電位の閾値を超えると興奮が次の細胞に伝達されます．このように興奮を伝えるシナプスを**興奮性シナプス**といいます．シナプスによっては，シナプス後細胞を過分極させて，塩化物イオン（Cl^-）の流入などが起こり，興奮の伝達を抑制する場合もあります．興奮の伝達を抑えるシナプスを**抑制性シナプス**といいます．

● 興奮性シナプス = excitatory synapse

● 抑制性シナプス = inhibitory synapse

◉ 神経伝達物質の回収，分解

神経伝達物質は受容体から離れると，もとの神経細胞に回収されてリサイクルされたり，酵素によって分解されたりします．神経伝達物質が離れるとリガンド依存性イオンチャネルは閉じます．

▶ 神経伝達物質

神経伝達物質（化学伝達物質）にはさまざまな種類があり，例えば運動神経と副交感神経ではアセチルコリン，交感神経ではアドレナリンやノルアドレナリン，アセチルコリンが使われます．また，受容体にもさまざまな種類があり，作用する受容体の種類によっても働きは変わります．

神経伝達物質にはナトリウムチャネルなどを開いて興奮させる興奮性の神経伝達物質（例：グルタミン酸，アセチルコリン※36）と，塩素チャネル（Cl^-チャネル）などを開いて興奮しにくくする抑制性の神経伝達物質〔例：γ-アミノ酪酸（GABA），グリシンなど〕があります．

受容体

えい！

シナプス小胞

※36 アセチルコリン：受容体によっては抑制性にもなる場合があります．

147

シナプスの種類

　シナプスには，興奮を伝える興奮性シナプスと興奮の伝達を抑える抑制性シナプスがあります．1つの神経細胞の樹状突起は，多くの神経細胞とシナプスをつくっています．これらのいくつかの神経細胞から興奮を伝えるシナプスと抑制するシナプスによって生じた電位をあわせた（**加重**した）ときにその電位が活動電位の閾値を越えた場合にシナプス後細胞に活動電位が発生します．

　興奮性シナプスでは，興奮性の神経伝達物質（グルタミン酸など）が放出され，これがシナプス後細胞に達すると，イオンチャネル型伝達物質受容体（イオンチャネル型グルタミン酸受容体など）に結合し，Na^+の流入などが起こって脱分極（正の膜電位変化）が起こり，興奮を促す電位として**興奮性シナプス後電位**（EPSP）[*]が発生します．

　抑制性シナプスでは，抑制性の神経伝達物質（GABA，グリシンなど）が放出され，これがシナプス後細胞に達すると，イオンチャネル型伝達物質受容体（GABA受容体）などに結合し，Cl^-の流入などが起こって過分極（マイナスの膜電位変化）が起こり，興奮を抑える電位として**抑制性シナプス後電位**（IPSP）[*]が発生します．

● 興奮性シナプス後電位＝ excitatory postsynaptic potential

● 抑制性シナプス後電位＝ inhibitory postsynaptic potential

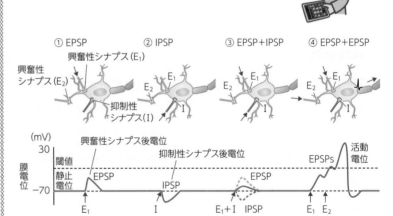

細胞に接続された多くのシナプスから生じるシナプス後電位をあわせた（加重した）ものが閾値を越えると活動電位が生じます．

練 習 問 題

ⓐ 神経の構造

❶ 有髄神経線維にみられる髄鞘と髄鞘の間にみられる隙間を何とよぶか答えてください.

❷ 神経細胞と骨格筋の接続部分を構成するシナプスは何とよばれるか答えてください.

❸ 末梢神経系に存在するグリア細胞の名称を答えてください.

ⓑ 静止電位と活動電位 (➔図4-8)

静止電位と活動電位について正しい説明を次の選択肢から選んでください.

　①オーバーシュートでは膜電位がマイナスになる.

　②1つの神経細胞に生じる活動電位の大きさは刺激の強さによって決まる.

　③静止電位では, 細胞膜の内側の電位を0 mVとしたときに細胞膜の外側の電位がマイナスになっている.

　④膜電位が閾値以上に達すると活動電位が発生する.

　⑤神経細胞内へのK$^+$の流入によって活動電位が生じる.

ⓒ 興奮の伝導のしくみ (➔図4-9, 10)

❶ 活動電位が生じたあとにしばらく興奮が生じなくなる期間のことを何というか答えてください.

❷ 無髄神経線維と有髄神経線維ではどちらの方が伝導の速度が速いか答えてください.

❸ 太い神経線維と細い神経線維ではどちらの方が伝導の速度が速いか答えてください.

ⓓ シナプスでの情報伝達のしくみ (➔図4-11)

❶ シナプス伝達の際, 興奮がシナプス前終末に達すると電位依存性の何イオンのチャネルが開くか答えてください.

❷ ❶のイオンが細胞内に入ってくるとシナプス小胞から細胞外に放出される物質をまとめて何とよぶか答えてください.

❸ GABAは興奮性か抑制性かどちらか答えてください.

練習問題の 解答

ⓐ ❶ ランビエ絞輪

有髄神経線維の軸索は髄鞘が取り囲んでおり，髄鞘と髄鞘の間にはランビエ絞輪とよばれる隙間があいています．

❷ 神経筋接合部

神経細胞と骨格筋の接続部分を構成するシナプスは神経筋接合部とよばれます．

❸ シュワン細胞

末梢神経系にはシュワン細胞とよばれるグリア細胞が存在しており，有髄神経線維では髄鞘を形成しています．

ⓑ ④

静止電位は細胞膜の外側の電位を基準の 0 mV としたときに細胞膜の内側がマイナスになっています．神経細胞が刺激を受けて，膜電位が一定の値（閾値）以上に達すると電位依存性ナトリウムチャネルが開き，細胞内への Na^+ の流入が起こって活動電位が生じます．オーバーシュートでは膜電位はプラスとなり，1つの神経細胞に生じる活動電位の大きさは刺激の強さにかかわらず一定となります（全か無かの法則）．

ⓒ ❶ 不応期

興奮が生じたあとは電位依存性ナトリウムチャネルの不活性化状態がしばらく続くため，その部分では興奮が生じなくなります．この期間を不応期といいます．

❷ 有髄神経線維

髄鞘は絶縁性のため，有髄神経線維ではランビエ絞輪の部分に活動電位が飛び飛びに伝わる跳躍伝導を行うため，無髄神経線維に比べて伝導の速度が速くなります．

❸ 太い神経線維

神経線維の直径が大きいほど伝導の速度は速くなります．

ⓓ ❶ カルシウムイオン（Ca²⁺）

❷ 神経伝達物質

シナプス伝達においては，興奮がシナプス前終末に達するとそこに存在する電位依存性カルシウムチャネルが開きます．Ca^{2+}が細胞内に入ってくるとシナプス小胞がシナプス前膜に融合して，シナプス小胞の中に入っていた神経伝達物質がシナプス間隙に放出されます．

❸ 抑制性

神経伝達物質には興奮性（グルタミン酸など）と抑制性（GABAなど）のものがあり，興奮性の神経伝達物質を放出するシナプス（興奮性シナプス）ではシナプス後細胞において興奮を促す電位（EPSP）を発生させ，抑制性の神経伝達物質を放出するシナプス（抑制性シナプス）では興奮を抑える電位（IPSP）を発生させます．

2. 筋収縮のしくみ

学習のポイント！

● 筋の種類と特徴を理解しよう

● 骨格筋の構造を理解しよう

● 筋収縮のしくみを理解しよう

重要な用語

筋線維

筋を構成する筋細胞のこと．筋細胞は細長い線維状をしていることからこうよばれることが多い．

筋原線維

筋線維内にある微小の線維．アクチンからつくられるアクチンフィラメントとミオシンからつくられるミオシンフィラメントからなる．

骨格筋

骨格などに付着している筋．横縞模様のみられる横紋筋であり，自らの意志によって動く随意筋で多核の筋線維からなる．骨格筋の機能には，運動を起こす，姿勢を保つ，関節を安定させる，熱を発するなどがある．

心筋

心臓の壁を構成する筋．横紋筋．自らの意志に関係なく動く不随意筋である．心臓を動かし，全身に血液を送る．

平滑筋

内臓の壁，消化管の壁，血管の壁などにある筋．横紋はない．不随意筋．平滑筋の機能には，内臓を動かす，内臓器官の働きを調節する，体内の物質を移動させるなどがある．

神経筋接合部

運動神経と骨格筋のつなぎ目に存在するシナプス部分のこと．

興奮収縮連関

骨格筋における活動電位の発生から筋の収縮が生じるまでの過程のこと．

滑り説

アクチンフィラメントがミオシンフィラメントの間に滑り込むことによって筋収縮が起こるとする説．

1. 筋は3種類に分けられる

▶ 筋とは

筋のように刺激を受けると神経系を介して反応を生じさせる器官のことを効果器（作動体）といいました. 筋は，ATPの分解によって得られるエネルギーを使って力を出す（**収縮**）という性質によってからだの各部分や内臓などの運動を引き起こす組織です.

筋を構成する細胞（**筋細胞**）の多くは細長い線維状をしていることから，一般的には**筋線維**とよばれます. 筋線維も他の細胞と同様に細胞膜（**筋細胞膜**，**筋鞘**，筋線維鞘）が周りを包んでいます.

筋は，存在する場所によって**骨格筋**，**心筋**，**平滑筋**の3種類に分けられます（表4-1）.

● 筋 = muscle，筋肉

● 効果器 →4章1-1

● 収縮 = contraction

● 筋細胞 = muscle cell

● 筋線維 = muscle fiber，myofiber

● 筋鞘 = sarcolemma

● 骨格筋 = skeletal muscle
● 心筋 = cardiac muscle
● 平滑筋 = smooth muscle

▶ 骨格筋

骨格筋は，骨格などに付着している筋です※1. 骨格を動かして運動を起こす，姿勢を保つ，関節を安定させる，熱を発するなどの機能をもちます. すばやく収縮させることができますが，疲労しやすいという特徴があります. 体性神経系の運動神経によって支配されていて，自らの意志によって収縮させることができます（**随意筋**）.

筋線維（筋細胞）は細長い円柱状で，横縞模様（**横紋**）がみられ，まわりの部分（辺縁部）に核を多数もちます（**多核細胞**，表4-1）.

※1　骨格筋：基本的には両端が骨格に付着しており，付着部の一方（からだの中心に近く動きの少ない方）を起始，もう一方（末端に近く動きの大きい方）を停止といいます.

● 運動神経 →4章1-1

筋肉は裏切らない！

表4-1　それぞれの筋の特徴

骨格筋	心筋	平滑筋
運動神経		
運動神経支配（随意筋）	自律神経支配（不随意筋）	
横紋筋		
多核	単核	

骨格筋は意志にしたがって収縮し，筋線維（筋細胞）内にアクチンとミオシンが規則正しく並んだ横紋がみられ，複数の核をもちます. 心筋と平滑筋は意志にかかわらず収縮し，心筋には骨格筋と同じく横紋がみられます.

特徴が違うね！

▶ 心筋

　心筋は，心臓の壁にある筋を構成していて，細胞が枝分かれしながら網目状につながっています．心臓を動かし，全身に血液を送ります．比較的ゆっくりと強い収縮力をもちながら疲労することなく一定のリズムで動き続けることができるという特徴があります．自律神経系[●]によって支配されていて，自らの意志とは無関係に収縮します（**不随意筋**）.

●自律神経系 →4章1-1

　筋線維は円柱状で，横縞模様（**横紋**）がみられ，中央に1つの核（単核）をもちます（**心筋細胞**[●]，表4-1）.

●心筋細胞＝cardiac cell, cardiocyte

●横紋筋＝striated muscle

　骨格筋と心筋は，横縞模様（横紋）がみられるため，ともに**横紋筋**[●]とよばれます．

▶ 平滑筋

　平滑筋は，内臓の壁，消化管の壁，血管の壁などにある筋を構成していて，細胞が互いに密着しています．内臓を動かす，内臓器官の働きを調節する，体内の物質を移動させるなどの機能をもちます．ゆっくりと持続的に収縮することができるという特徴があります．心筋と同じく自律神経系によって支配されていて，自らの意志とは無関係に収縮します（不随意筋）.

　筋線維は細長い紡錘形で，中央に1つの核（単核）をもちます（表4-1）.

2. 束がさらに束ねられている骨格筋の構造

▶ 筋線維と筋原線維

※2　筋線維（筋細胞）の核：骨格筋の筋線維は胎生期の筋芽細胞が多数融合してつくられるため多数の核をもちます．数センチの筋線維に数百個もの核が含まれています．
※3　結合組織の膜：筋内膜が個々の筋線維を包み，筋周膜が筋線維の束である筋束を包み，筋上膜（筋膜）が筋全体を包んでいます．
●筋束＝muscular fascicle
●筋形質＝sarcoplasm
●筋原線維＝myofibril
●アクチン＝actin
●ミオシン＝myosin
※4　アクチンフィラメント（actin filament, thin filament）：太さ7～10 nm程度，長さ1 μm程度．

　骨格筋は前述のとおり，細長く多核の筋線維^{※2}からなり，結合組織の膜^{※3}によってまとめられて束になっています．筋線維の束を**筋束**[●]（きんそく）といい，さらに筋束が束となって骨格筋を形成しています（図4-12）.

　筋線維の細胞質（**筋形質**[●]）には細長いひも状の**筋原線維**[●]（きんげん）の束が詰まっており，その間にはミトコンドリアが存在します．筋原線維は，**アクチン**[●]と**ミオシン**[●]というタンパク質からなり，それぞれ**アクチンフィラメント**（細いフィラメント）^{※4}とよばれる細い線維と，**ミオシン**

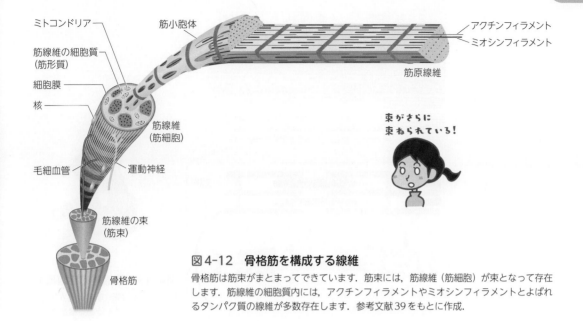

図4-12 骨格筋を構成する線維

骨格筋は筋束がまとまってできています．筋束には，筋線維（筋細胞）が束となって存在します．筋線維の細胞質内には，アクチンフィラメントやミオシンフィラメントとよばれるタンパク質の線維が多数存在します．参考文献39をもとに作成．

フィラメント（太いフィラメント）[※5]とよばれる太い線維をつくっています．骨格筋には，アクチンフィラメントとミオシンフィラメントが互いに規則正しく並んでいる帯状の横紋がみられます（**図4-12**，**表4-1**）．

※5 ミオシンフィラメント（myosin filament, thick filament）：太さ12～15 nm程度，長さ1.5 μm程度．

▶筋線維の横紋構造

骨格筋の筋線維にみられる横紋構造を紹介していきます（**図4-13**）．

筋線維を顕微鏡で観察すると，明るく見える部分と暗く見える部分が帯状に交互に並んで見えます（横紋）．細いアクチンフィラメントのみが並んでいて明るく見える部分を**I帯**（明帯）●，太いミオシンフィラメントがあり暗く見える部分を**A帯**（暗帯）●といいます．

●I帯＝ isotropic band

●A帯＝ anisotropic band

I帯の中央にはアクチンフィラメント同士の結合部分である**Z帯**（Z膜，Z板，Z線）があります．Z帯から隣のZ帯までの間を**筋節**（サルコメア）●といい，機能的な単位となっています．

●筋節＝ sarcomere

A帯の中央部分はミオシンフィラメントのみが並んでいて，**H帯**とよばれます．H帯のさらに中央にはミオシンフィラメント同士の結合部分があります（**M線**）．

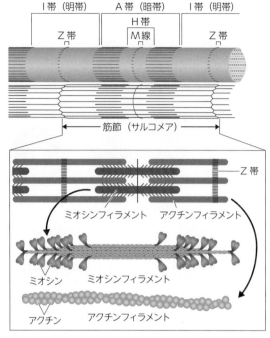

図4-13 **筋線維の横紋構造**
骨格筋には，I帯（明帯）とA帯（暗帯）が交互に並んでいる構造である横紋がみられます．参考文献39をもとに作成．

3. 筋収縮のしくみ

　外界から受けとった刺激の情報は神経系によって処理され，筋などの効果器に伝えられると筋収縮などの反応が生じます．ここでは筋収縮のしくみについて骨格筋を例に説明していきます．

▶骨格筋への情報伝達のしくみ

　まずは中枢神経系から骨格筋へ情報が伝わるしくみについて説明します．中枢神経系からの運動の命令（運動指令）を骨格筋に伝えるのは，末梢神経系のうち体性神経系に含まれる運動神経でした．運動神経から骨格筋への情報の伝達は，前に説明したシナプス伝達の一種になります[*]．シナプス伝達のしくみを思い出しながら詳しくみていきましょう（図4-14①〜⑥）．

●シナプス伝達　→4章1-5

① 中枢神経系からの運動の命令は，活動電位（興奮）として運動神経の軸索の上を伝わり，運動神経と骨格筋のつなぎ目である神経筋接合部に達します．

② 運動神経の軸索末端（シナプス前終末）では，電位の変化によって電位依存性カルシウムチャネルが開き，カルシウムイオン（Ca^{2+}）が流入します．

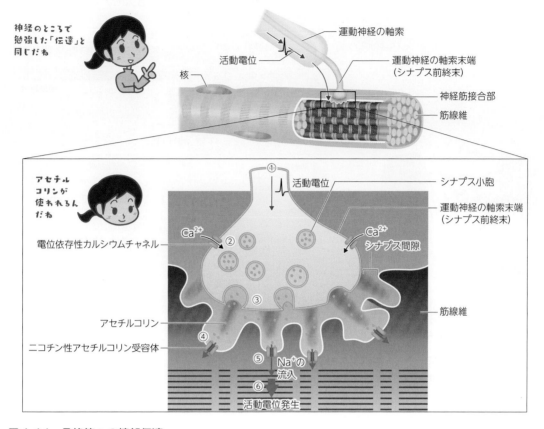

神経のところで
勉強した「伝達」と
同じだね

運動神経の軸索

活動電位

核

運動神経の軸索末端
(シナプス前終末)

神経筋接合部

筋線維

アセチル
コリンが
使われるん
だね

① 活動電位

シナプス小胞

電位依存性カルシウムチャネル

Ca^{2+}
②

Ca^{2+}
シナプス間隙

運動神経の軸索末端
(シナプス前終末)

③

筋線維

アセチルコリン

④

ニコチン性アセチルコリン受容体

⑤ Na^+の
流入

⑥

活動電位発生

図4-14　骨格筋への情報伝達
神経筋接合部のシナプス間隙で，運動神経から筋線維へ運動の命令が伝わります．参考文献46をもとに作成．

③ Ca^{2+} の流入により，シナプス小胞から神経伝達物質の**アセチルコ
リン**が放出されます．

④ 放出されたアセチルコリンは，神経筋接合部[6]のシナプス間隙を
拡散し，筋細胞膜にある神経伝達物質の受容体（ニコチン性アセチ
ルコリン受容体）[7]に結合します．

⑤ 受容体へのアセチルコリンの結合によってナトリウムイオン（Na^+）
が筋細胞内に流入し，筋細胞膜に脱分極[8]が生じます．

⑥ 膜電位が閾値を超えて活動電位（興奮）が発生し，運動指令は骨格
筋へと伝わります．

▶骨格筋の興奮から筋収縮へのつながり

続いて，骨格筋に生じた活動電位（興奮）が骨格筋を収縮させるし

※6　終板：運動神経の軸索終末と接触す
る筋細胞膜の部分は終板（運動終板）とよ
ばれます．

※7　ニコチン性アセチルコリン受容体：
リガンド依存性イオンチャネルとなってお
り，アセチルコリンの結合によってイオン
チャネルのゲートが開きます．
※8　終板電位：筋細胞膜での脱分極（興
奮性シナプス後電位）は終板電位とよばれ
ます．

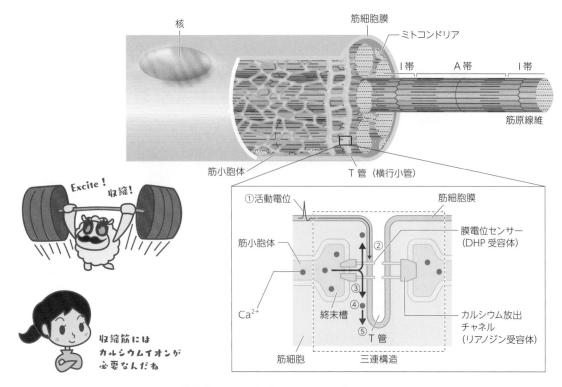

図4-15　筋細胞への Ca²⁺ 放出のメカニズム
参考文献9をもとに作成.

くみについて説明します．骨格筋の活動電位の発生から収縮が生じるまでの過程のことを，電気的な興奮を受けて機械的な筋の収縮を引き起こすつながりという意味で，**興奮収縮連関**といいます．興奮収縮連関の流れを詳しくみていきましょう（図4-15①〜⑤）．

● 興奮収縮連関＝excitation-contraction coupling

① 筋細胞の細胞膜で発生した活動電位（興奮）は細胞膜上を伝わっていきます．

● T管＝T tubule，横行小管：transverse tubule，T細管，横細管
※9　三連構造（triad，三つ組部位）：T管とその両側の筋小胞体の末端膨大部（終末槽）を合わせたものです．

② 筋細胞膜を伝わってきた活動電位は，**T管**とよばれる経路を通じて筋細胞の深部に入り込み，**三連構造**※9とよばれる部位に達します．

※10　DHP受容体：電位依存性カルシウムチャネルです．
※11　筋小胞体（sarcoplasmic reticulum）：滑面小胞体の一種です．
※12　カルシウムイオン誘発性カルシウムイオン遊離（CICR）：Ca²⁺は拡散することによって周囲のリアノジン受容体に結合し，カルシウムチャネルをさらに開かせます．

③ 三連構造にある膜電位のセンサー（**ジヒドロピリジン受容体**：DHP受容体※10）で電位の変化が感知されると，筋原線維のまわりを覆っている**筋小胞体**※11の膜に存在する**カルシウム放出チャネル（リアノジン受容体）**が開きます．

④ 筋小胞体の末端膨大部（**終末槽**）から Ca²⁺ が筋細胞内に放出されます※12．

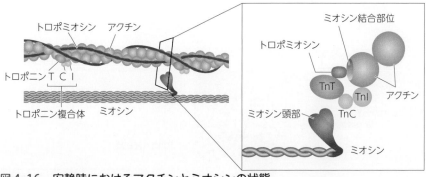

図4-16　安静時におけるアクチンとミオシンの状態

安静時には，トロポニンⅠ（TnI）がアクチンと結合し，トロポミオシンがアクチンフィラメントのミオシン結合部位をふさいでいるのでミオシンはアクチンに結合できません．参考文献23をもとに作成．

⑤ 放出されたCa^{2+}が，アクチンフィラメント上に存在する**トロポニンC**に結合することによって，後で述べるミオシンとアクチンフィラメント間の相互的な作用を引き起こし，筋の収縮が生じます．

▶ミオシンとアクチンフィラメントの相互作用[13]

● 安静時

アクチンフィラメントには，**トロポミオシン**●という線維状のタンパク質が巻き付く形で存在し，そこには**トロポニン複合体**（トロポニンC[14]，トロポニンⅠ[15]，トロポニンT[16]）とよばれるタンパク質が結合しています（図4-16）．

安静時には，**トロポニンⅠ**がアクチンと結合している状態になっており，トロポミオシンがアクチンフィラメントの**ミオシン結合部位**をふさいでいると考えられています（図4-16）．したがって安静時にはミオシンはアクチンフィラメントとの相互作用を生じさせることができずに，筋の力は緩んでいます（**筋弛緩**●）．

● 筋収縮時

前に説明したように骨格筋の電気的な興奮によって筋小胞体からCa^{2+}が放出されます（図4-15，17）．Ca^{2+}が**トロポニンC**に結合するとトロポミオシンの立体構造が変化します（図4-17）．その結果，アクチンフィラメントのミオシン結合部位が露出して，アクチンフィラメントにミオシンフィラメントから出ている突起部分（**ミオシン頭部**●）が結合できる状態になると考えられています[17]．

※13　筋収縮のしくみ：筋収縮はミオシンとアクチンフィラメント間の相互的な作用によって生じますが，そのしくみの詳細はまだよくわかっていません．本書では提唱されている一般的な概念を紹介します．
● トロポミオシン= tropomyosin

※14　トロポニンC：Ca^{2+}のCを意味し，Ca^{2+}が結合します．
※15　トロポニンⅠ：阻害（inhibition）のIで，ミオシン頭部がアクチンに結合することを邪魔することを意味します．
※16　トロポニンT（TnT）：トロポミオシン（tropomyosin）のTを意味し，トロポニン複合体をトロポミオシンと結合させています．

● 筋弛緩= muscular relaxation, muscular flaccidity

● ミオシン頭部= myosin head
※17　架橋：ミオシン頭部がアクチンフィラメントに結合した部分を架橋（連絡橋）といいます．

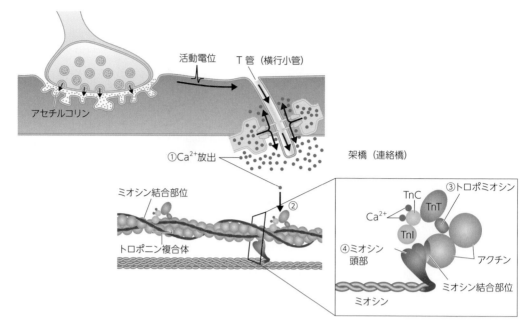

図4-17　筋収縮時におけるアクチンとミオシンの状態

① 骨格筋の興奮により筋小胞体からCa²⁺が放出されます．② Ca²⁺がトロポニンCに結合します．③ トロポミオシンの立体構造が変化します．④ アクチンフィラメントのミオシン結合部位が露出して，ミオシンはアクチンに結合します．参考文献23をもとに作成．

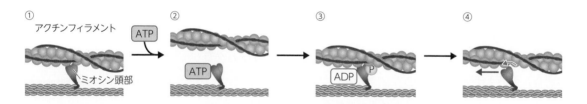

図4-18　筋収縮時におけるミオシン頭部とアクチンフィラメントの相互作用

① ミオシン頭部とアクチンフィラメントが結合しています．② ミオシン頭部にATPが結合してアクチンフィラメントが離れます．③ ATPが分解されるとミオシン頭部とアクチンフィラメントが結合します．④ ATPの分解により発生するエネルギーによってミオシンのレバーアームの構造変化が起こり，アクチンフィラメントが動きます．

※18　使われるATP：クレアチンリン酸から得られます．→2章2-1

　筋収縮時はミオシン頭部とアクチンフィラメントが結合しますが（図4-16），ATP※18がミオシン頭部に結合するといったん，アクチンフィラメントが離れます（図4-18）．ミオシン頭部のATP分解酵素（ATPアーゼ）としての働きによってATPが分解されると（ATP→ADP＋P），アクチンフィラメントが再び結合します．ATPが分解されるときに発生するエネルギーによって，ミオシンのレバーアームという部分の構造が変化することによって力が発生し，アクチンフィラメントを動かして筋の収縮が起こると考えられています．

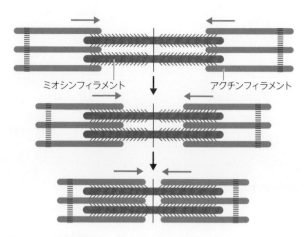

図4-19　滑り説
アクチンフィラメントとミオシンフィラメントのかみ合わせが深くなることで筋が収縮し，筋節の長さ（I帯とH帯の長さ）が短くなります．2つのフィラメントの長さが変わっているのではなく位置関係が変わっています．

▶滑り説とは

　筋の収縮は，ATPのエネルギーを使ってアクチンフィラメントがミオシンフィラメントの間に滑り込むことによって生じます．すなわち，アクチンフィラメントとミオシンフィラメントのかみ合わせが深くなることによって収縮が起こります．これを**滑り説**[●]といいます．収縮によって筋の長さや筋節（サルコメア）の長さ（I帯とH帯の長さ）は短くなりますが，アクチンフィラメントとミオシンフィラメントの長さが変わっているわけではありません（図4-19）．

●滑り説＝sliding theory，滑走説

▶骨格筋の弛緩

　筋小胞体にはカルシウムポンプ（Ca^{2+} ATPase）が存在しているため，常にCa^{2+}を取り込んでいます（図4-20）．筋細胞への刺激がなくなると筋小胞体から筋細胞内へのCa^{2+}の放出が止まります．そうすると，筋細胞内から筋小胞体の中にCa^{2+}は取り込まれるため，筋細胞内のCa^{2+}の濃度は低下します．

　この状態では，トロポニンCからCa^{2+}が離れ，トロポニンIがアクチンと結合します（前述の安静時の状態）．するとトロポミオシンがアクチンフィラメントのミオシン結合部位を覆い隠して，ミオシン頭部がアクチンフィラメントと結合できなくなるため，骨格筋の状態はもとに戻って弛緩します．

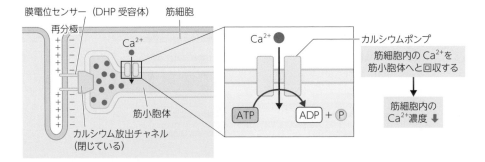

図 4-20　筋小胞体と細胞内の Ca²⁺濃度

筋小胞体はカルシウムポンプにより常に Ca²⁺を取り込んでいます．筋細胞への刺激があると，カルシウム放出チャネルにより，細胞内へ Ca²⁺を放出します．

練 習 問 題

ⓐ 筋 (→表4-1)

次の各特徴についてあてはまる筋の種類（骨格筋，心筋，平滑筋）をすべて答えてください.

❶ 横紋構造をもつ.

❷ 多核細胞からなる.

❸ 運動神経により支配される.

❹ 不随意筋である.

ⓑ 骨格筋の構造 (→図4-12, 13)

骨格筋の構造について正しい説明を次の選択肢から選んでください.

①ミオシンフィラメントとよばれる細い線維がある.

②筋線維が束となり筋原線維をつくっている.

③明るく見える部分をA帯とよぶ.

④I帯にはアクチンフィラメントが含まれる.

⑤Z帯から隣のZ帯までの間を筋束という.

ⓒ 筋収縮のしくみ (→図4-14, 15, 17, 19)

❶ 運動神経の軸索末端から放出される神経伝達物質は何というか答えてください.

❷ 骨格筋の活動電位の発生から収縮が生じるまでの一連の過程のことを何というか答えてください.

❸ 筋小胞体から放出され，トロポニンCに結合する物質は何というか答えてください.

❹ 筋収縮の際にI帯の長さは変わるか，変わらないか答えてください.

ⓐ ❶ 骨格筋，心筋

骨格筋と心筋は，観察すると横紋構造（横縞模様）がみられる横紋筋です．平滑筋に横紋構造はみられません．

❷ 骨格筋

骨格筋の筋線維は辺縁部に核を多数もつ多核細胞からなります．心筋と平滑筋は単核細胞からなります．

❸ 骨格筋

骨格筋は運動神経支配，心筋と平滑筋は自律神経支配です．

❹ 心筋，平滑筋

自らの意志と関係なく不随意的に動く筋を不随意筋といい，心筋と平滑筋が不随意筋です．骨格筋は，自らの意思によって動く随意筋です．

ⓑ ④

骨格筋の筋線維は，ミオシンフィラメントとよばれる太い線維とアクチンフィラメントとよばれる細い線維からなる筋原線維によって構成されます．筋線維の中には筋原線維がたくさん詰まっており，筋線維が束となって筋束をつくっています．筋原線維を観察したときに明るく見える部分をI帯，暗く見える部分をA帯といい，I帯はアクチンフィラメントからなります．I帯の中央にはZ帯があり，Z帯と隣のZ帯までの間を筋節（サルコメア）といいます．

ⓒ ❶ アセチルコリン

筋収縮が生じる際には，中枢神経系からの運動指令により，運動神経の軸索末端（シナプス前終末）にあるシナプス小胞から神経伝達物質としてアセチルコリンが放出されます．

❷ 興奮収縮連関

骨格筋の活動電位の発生から収縮が生じるまでの過程は，電気的な興奮を受けて機械的な筋の収縮を引き起こすつながりという意味で，興奮収縮連関といいます．

❸ カルシウムイオン（Ca^{2+}）

筋収縮は，筋小胞体の終末槽からCa^{2+}が放出され，アクチンフィラメント上に存在するトロポニンCに結合することによって生じます．

❹ 変わる

筋収縮の際には，アクチンフィラメントとミオシンフィラメントの位置関係が変わって，両者のかみ合わせが深くなることによって収縮します．したがって，収縮によってアクチンフィラメントとミオシンフィラメントの長さは変わりませんが，筋の長さや筋節（サルコメア）の長さが変わり，I帯とH帯の長さは短くなります．

3. 刺激の受容のしくみ

学習のポイント!

- 刺激の受容と感覚について理解しよう

- 受容器の構造と機能を理解しよう

重要な用語

適刺激

各感覚受容器の受容細胞において最も敏感に反応する刺激のこと.

感覚

受けとった刺激が中枢神経系に伝えられ，情報として認められる過程.

特殊感覚

頭部にある特殊化された受容器（眼，耳，鼻，舌）によって検知される感覚. 視覚，聴覚，平衡覚，嗅覚，味覚がある.

体性感覚

体中の皮膚，筋や腱などによって検知される感覚. 皮膚や粘膜にある受容器で検知される触覚，圧覚，温覚，冷覚，痛覚などの皮膚感覚と，筋や腱などにある受容器で検知される運動感覚，振動覚，深部痛覚などの深部感覚がある.

内臓感覚

内臓の状態に伴う感覚. 空腹感，満腹感，吐き気，便意などの臓器感覚と内臓に由来する痛みの感覚である内臓痛覚がある.

順応

同じ強さの刺激が持続的に受容器に加わることで刺激に対する感度（活動電位の頻度）がしだいに減少して，受容器が反応しにくくなること.

1. 感覚の正体

▶感覚受容器と適刺激

　われわれヒトを含め動物は，からだの外と中の情報を受けとり，こ
れを正確に把握して，体内環境の恒常性（ホメオスタシス）※1を維持
したり，生存や繁殖に必要な適切な行動を起こしたりします．光，音，
化学物質，熱や圧力などのさまざまな刺激は，眼，耳，鼻，舌，皮膚
などの受容器（感覚器）の**受容細胞**（**感覚細胞**）で受けとられます
（**受容**）．これらの受容器は**感覚受容器**®ともよばれます．

　感覚受容器の受容細胞はそれぞれ受けとることのできる刺激，もし
くは最も敏感に反応する刺激の種類が決まっており，このような刺激
をその受容細胞に適した刺激という意味で，**適刺激**®といいます
（表4-2）．例えば，眼の受容細胞においては光，鼻の受容細胞におい
ては空気中の化学物質が適刺激となります．

▶感覚とは

　感覚受容器に適した刺激が受けとられると膜電位の変化として電気
的な信号（**受容器電位**※2）に**変換**®され，受容器から続く神経線維に

※1　恒常性：体内の環境が一定の範囲内に保たれるという性質．

●感覚受容器＝sensory receptor

●適刺激＝adequate stimulus，適合刺激

※2　受容器電位（receptor potential，起動電位：generator potential）：適刺激が受容器に加わると受容器膜にあるイオンチャネルの開閉によるイオンの透過性の変化などによって電位の変化（脱分極あるいは過分極）が生じる．

●変換＝sensory transduction

表4-2　感覚受容器と対応する適刺激の例

感覚受容器	適刺激
眼（光受容器：網膜の視細胞）	光（可視光）
耳（機械受容器：コルチ器官）	音（音波）
（機械受容器：前庭）	からだの傾き
（機械受容器：半規管）	からだの回転
鼻（化学受容器：嗅上皮の嗅細胞）	化学物質（気体）
舌（化学受容器：味蕾の味細胞）	化学物質（液体）
皮膚（機械受容器）	接触による圧力
（温度受容器）	高い温度，低い温度
（侵害受容器）	強い刺激（圧力，熱，化学物質）

感覚受容器の受容細胞は受けとることのできる刺激や最も敏感に反応する刺激の種類がそ
れぞれ決まっています（適刺激）．

※3　活動電位：受容器電位が閾（感じられる最も弱い刺激）を越えると活動電位が発生します.

●刺激を伝える神経　→4章1-1

●感覚＝sensation

※4　感覚野（一次感覚野）：大脳皮質にある感覚に関係する部位を感覚野といい, 例えば視覚に関係する視覚野は後頭葉, 聴覚に関係する聴覚野は側頭葉にあります.

●情動＝emotion
※5　反射（reflex）：特定の刺激を受けとった場合に大脳皮質を介さずに特定の神経経路によって短時間に特定の身体反応を生じさせることを反射といいます.

活動電位※3が生じて中枢神経系に伝わります. 受容器で受けとった刺激の情報を中枢神経系に伝える神経は体性神経系では感覚神経, 自律神経系では内臓求心性神経でした●.

　感覚受容器で受けとった刺激が中枢神経系に伝えられて, 刺激に応じた情報（感覚情報）として認められる過程を**感覚**●といいます. 通常, 刺激は**大脳皮質**の**感覚野**※4に伝えられて意識経験として感じられます. 例えば, 赤いリンゴを見たとき, 赤色の光を眼の受容器で受けとり, 大脳に伝えられて赤色を感じます.

　刺激によっては, 快, 不快などの**情動**●を引き起こすこともあります. また, 無意識的に**反射**※5を引き起こすなど, 自覚されない場合もあります.

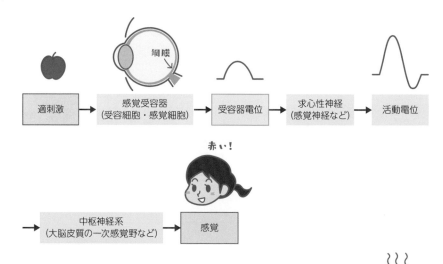

錯覚

　感覚受容器で受けとった実際の刺激の情報と脳で知覚, 認知されるものが異なる場合もあります. 例えば, 図ではチェッカーボードに円柱状の物体が置かれて影ができているように見えますが, AとBの明るさを比べるとBの方が明るく見えますよね. しかしAとBを切り出して比べてみると実際には同じ明るさなのです. したがって感覚受容器で受けとる実際の物理的な刺激（明るさ）は同じでも, 脳で知覚, 認知される明るさは異なる場合があるのです. このようなズレを錯覚といいます.

▶知覚と認知

大脳皮質の感覚野に伝えられた刺激を感覚として自覚し，刺激に意味づけをして受けとることを**知覚**といいます．赤いリンゴを見たとき，赤い，丸い形をしている，凹凸もあるという意味づけを行います．

● 知覚 = perception

総合的に知覚されたものが何なのかを判断したり，理解したり，記憶したりするなどを**認知**といいます．赤いリンゴを見たとき，赤い，丸い，凹凸があるなどと知覚されたものを総合して，過去に見た経験や知識から赤いリンゴだと判断，理解します．

● 認知 = cognition

▶感覚の順応

同じ強さの刺激がくり返し持続的に感覚受容器に加わると，刺激に対する感度（活動電位の頻度）がしだいに減少して反応しにくくなります．すなわちしだいに刺激に慣れていきます．これを**順応**といいます．

● 順応 = adaptation

感覚受容器には順応しやすい（順応が速い）ものと順応しにくい（順応が遅い）ものがあります．例えば，触れる刺激（触刺激）やにおいの刺激（嗅刺激）などに対する受容器は，常に新たな刺激を感知できるように順応が起こりやすくなっています．最初のにおいに邪魔されて有毒ガスのにおいに気がつかなかったらたいへんですよね．一方，痛みの刺激は生命にとって危険な状況を知らせる刺激となるため，痛みに対する受容器に順応は起こりません．

▶感覚の種類

感覚にはさまざまな種類（感覚種）があります（図4-21）．大きく分けると頭部にある特殊化された受容器（眼，耳，鼻，舌）によって検知される**特殊感覚**と，その他の特殊化されていない受容器によって検知される**一般感覚**があります．一般感覚は，からだ中の皮膚と運動器（筋や腱など）によって検知される**体性感覚**と，内臓によって検知される**内臓感覚**に分けられます．

● 感覚種 = modality，モダリティー，様式

● 特殊感覚 = special sensation

● 一般感覚 = general sensation

● 体性感覚 = somatic sensation

● 内臓感覚 = visceral sensation

● 特殊感覚

特殊感覚には，目で見る**視覚**，耳で聴く**聴覚**，耳でからだの傾きや運動を察知する**平衡覚**，鼻でにおいを嗅ぐ**嗅覚**，舌で味わう**味覚**があります．

● 視覚 = sight，vision
● 聴覚 = hearing
● 平衡覚 = balance，equilibrium
● 嗅覚 = smell，olfaction
● 味覚 = taste，gustation

● **体性感覚**

　体性感覚は，皮膚や粘膜の受容器で検知する**皮膚感覚**と筋や腱などの運動器の受容器で検知する**深部感覚**に分けられます.

　皮膚感覚には，触れた感じの**触覚**，押された感じの**圧覚**，温かさの**温覚**，冷たさの**冷覚**，痛さの**痛覚**，かゆみなどがあります.

　深部感覚には，筋，腱，関節の位置や動きの状態，からだに加わる抵抗感や重さなどからだに対する意識についての**運動感覚**，振動を感じる**振動覚**，筋肉痛，関節痛，骨折の痛みといった筋，骨膜，関節などの痛みである**深部痛覚**などがあります.

● **内臓感覚**

　内臓感覚には，内臓の状態変化によって生じる感覚である**臓器感覚**〔空腹感，満腹感，口渇感，嘔気（吐き気），便意，尿意など〕と胃の痛みや虫垂炎の痛みなど内臓に由来する痛みである**内臓痛覚**があります.

　内臓の痛みがその部位以外の皮膚などの痛みとして感じられるものを**関連痛**といいます. 例えば，狭心症[※6]では左胸や左腕に痛みを感じることがあります.

● 皮膚感覚＝ cutaneous sensation，表在感覚：superficial sensation，表面感覚，表在性感覚
● 深部感覚＝ deep sensation
● 触覚＝ tactile sense
● 圧覚＝ pressure sensation
● 温覚＝ warm sensation
● 冷覚＝ cold sensation
● 痛覚＝ pain sensation
● 運動感覚＝ kinesthesia，固有感覚：proprioception，位置覚：position sense
● 振動覚＝ vibration sense
● 深部痛覚＝ deep pain

● 臓器感覚＝ organic sensation

● 内臓痛覚＝ visceral pain
● 関連痛＝ referred pain
※6 狭心症：心臓の冠動脈が狭くなったり，痙攣を起こして収縮したりするなどによって，一時的に心筋に十分な血液が送れず酸素不足になる状態です.

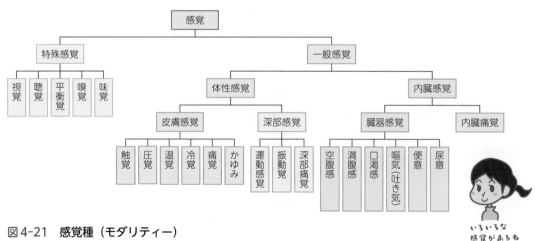

図4-21　感覚種（モダリティー）
感覚は，頭部の特殊な受容器で検知される特殊感覚とその他の一般感覚に分けられます.

2. 眼，耳，鼻，舌で感じる特殊感覚

特殊感覚の受容器には，**光受容器**●である**視覚器**，**機械受容器**●である**聴覚器**，**平衡受容器**，**化学受容器**●である**嗅覚器**，**味覚器**などがあります．

● 光受容器＝photoreceptor
● 機械受容器＝mechanoreceptor
● 化学受容器＝chemoreceptor

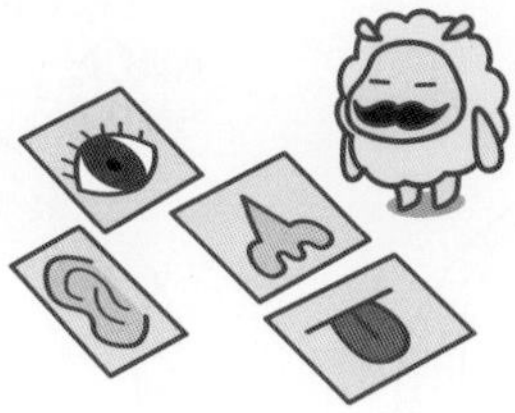

▶視覚器

眼（図4-22）は，物体の色，形，明るさなどの光の情報を**網膜**●の**視細胞**●で受けとります．視細胞によって光の情報は電気信号となり，**視神経**●を通り，大脳皮質（**後頭葉**の**視覚野**●）に伝わって視覚が生じます※7．

光は**角膜**●と**水晶体**●とよばれるレンズで屈折させて焦点が合わされ，網膜に像が結ばれます（図4-23）※8．視覚の遠近調節は，**毛様体筋**●の収縮と弛緩によって水晶体の厚みを変えることによって行われます．近くを見るときは毛様体筋が収縮して毛様体小帯（チン小体）が弛緩して水晶体を厚くします．一方，遠くを見るときは毛様体筋が弛緩し毛様体小帯が収縮して水晶体を引っ張って薄くします．

明るさの調節は，**瞳孔括約筋**●と**瞳孔散大筋**●の収縮によって瞳孔の大きさを変えることによって行われます※9．

● 網膜＝retina
● 視細胞＝photoreceptor
● 視神経＝optic nerve
● 視覚野＝visual cortex
※7　視覚が生じる過程：視細胞からの電気信号は，双極細胞，神経節細胞（視神経細胞）を経て，視神経乳頭から眼球を出て視神経に入り，視交叉，視索，視床の外側膝状体を経て大脳皮質に伝わります．
● 角膜＝cornea
● 水晶体＝lens
※8　盲点：視神経乳頭の部分は盲点といわれ，その部分は像がうつっても見ることができません．
● 毛様体筋＝ciliary muscle
● 瞳孔括約筋＝sphincter pupillae muscle
● 瞳孔散大筋＝dilator pupillae muscle
※9　明るさの調節：明るいところでは瞳孔括約筋が収縮して瞳孔が縮んで（縮瞳），入る光を減少させ，薄暗いところでは瞳孔散大筋が収縮して瞳孔が広がり（散瞳），入る光を増やします．

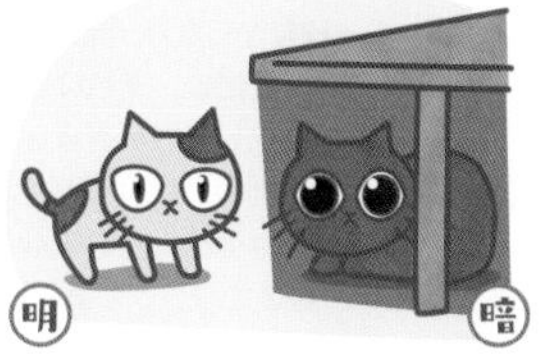

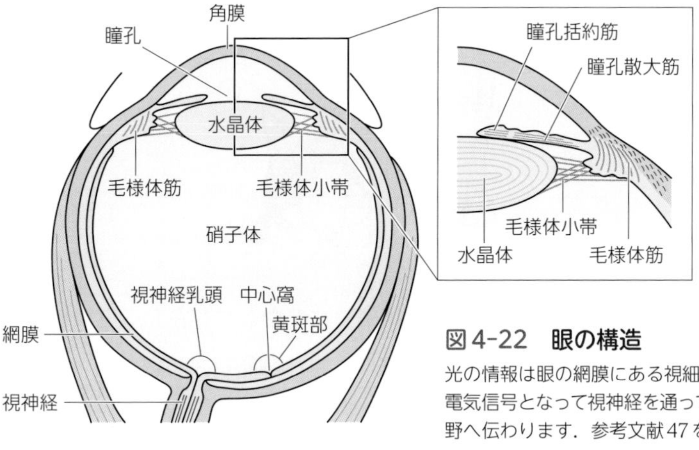

図4-22　眼の構造
光の情報は眼の網膜にある視細胞で受けとられ，電気信号となって視神経を通って大脳皮質の視覚野へ伝わります．参考文献47をもとに作成．

A) 近くを見るとき

近くの対象

毛様体小帯　厚くなった水晶体
収縮した
毛様体筋

収縮した
毛様体筋
厚く
なった
水晶体
弛緩した
毛様体小帯

B) 遠くを見るとき

遠くの対象

毛様体小帯　引っぱられて
弛緩した　　薄くなった水晶体
毛様体筋

弛緩した
毛様体筋
薄く
なった
水晶体
収縮した
毛様体小帯

図4-23　視覚の遠近調節
毛様体筋の収縮と弛緩により水晶体の厚みが変わることで遠近調節が行われます.

※10　ヒトと光：ヒトは400〜750 nmの
波長の可視光を感じます.
● 杆体細胞 = rod cell, 杆体, 杆状体細胞
● 錐体細胞 = cone cell, 錐体, 錐状体細胞

※11　視物質：杆体細胞の視物質はロド
プシンといいます. ロドプシンはオプシン
というタンパク質とレチナールという色素
（ビタミンAの一種）からなり, 光によって
レチナールの構造が変化し, それによって
オプシンの構造が変化してさまざまな反応
が続いて起こり, 視細胞に過分極が生じま
す. 錐体細胞の場合は光感受性の異なる色
素をもつ3種類の錐体オプシンがあります.

● **視細胞**

　網膜には光※10を受容する視細胞があります. 視細胞には**杆体細胞**
と**錐体細胞**があります（図4-24）.

　杆体細胞は網膜周辺部に多く存在し, 明暗や形の区別に関与し, 感
度が高いため暗い場所でも働きます. 視細胞には視物質（光受容タン
パク質, 感光色素）※11があり, これに光が当たると細胞が反応します.

　錐体細胞は網膜の中心部（黄斑部）に集中して存在し, 色や形の区
別に関与し, 明るい場所で働きます. 錐体細胞は3種類あり, それぞ
れ**S錐体**, **M錐体**, **L錐体**といい, 最もよく吸収する光の波長が異な

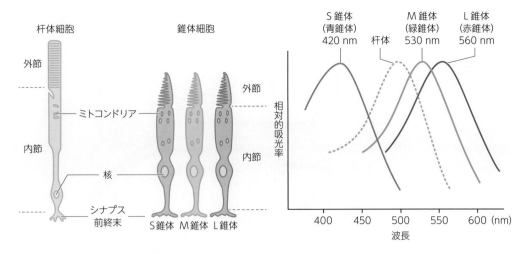

杆体細胞と錐体細胞の図。外節、ミトコンドリア、内節、核、シナプス前終末のラベル。錐体細胞はS錐体、M錐体、L錐体。右のグラフは相対的吸光率と波長(nm)の関係を示す。S錐体（青錐体）420 nm、M錐体（緑錐体）530 nm、L錐体（赤錐体）560 nm、杆体。

図4-24　杆体細胞と錐体細胞
杆体細胞は感度が高く，明暗や形の区別に関与し，暗い場所でも機能します．錐体細胞は最もよく吸収する光の波長の異なる3種類の応答の組合わせで色や形の区別に関与します．参考文献29をもとに作成．

ります（図4-24）．3種類の錐体細胞の応答の組合わせによって色の感覚が生じます．

▶ 聴覚器

　耳（図4-25）は，音波[12]を**外耳**°の**耳介**°で集めます．音波は，**外耳道**°を通って鼓膜°を振動させます．鼓膜の振動は，**中耳**°の**耳小骨**°（**ツチ骨**°，**キヌタ骨**°，**アブミ骨**°）で増幅されて**内耳**°の**蝸牛管**°に伝わり，リンパ液の振動を介して**基底膜**°を振動させます．基底膜の上にある**コルチ器官**°が振動すると蓋膜°（がいまく）に接触している**聴細胞**°の**感覚毛**°が曲がり，受容器電位が生じて音波の振動の情報は電気信号となります．興奮は聴神経°を通り，大脳皮質（**側頭葉の聴覚野**）に伝わって聴覚が生じます[13]．

▶ 平衡受容器

　内耳にある**前庭**°と**半規管**°という平衡受容器は，からだの傾きや回転の情報を受けとります．

※12　ヒトと音波（空気の振動）：ヒトは約20〜20,000 Hzの周波数の音が聞こえます．
● 外耳＝ external ear
● 耳介＝ auricle，耳殻
● 外耳道＝ external acoustic meatus
● 鼓膜＝ tympanic membrane
● 中耳＝ middle ear
● 耳小骨＝ ossicle
● ツチ骨＝ malleus
● キヌタ骨＝ incus
● アブミ骨＝ stapes
● 内耳＝ inner ear
● 蝸牛管＝ cochlear duct，うずまき管
● 基底膜＝ basilar membrane
● コルチ器官＝ organ of Corti，コルチ器，ラセン器
● 蓋膜＝ tectorial membrane，おおい膜
● 聴細胞＝有毛細胞：hair cell
● 感覚毛＝ sensory hair
● 聴神経＝蝸牛神経：cochlear nerve，内耳神経
※13　聴覚が生じる過程：聴神経の興奮は聴神経から延髄の蝸牛神経核，上オリーブ核，下丘，視床の内側膝状体を経て大脳皮質に伝わります．
● 前庭＝ vestibule
● 半規管＝ semicircular duct

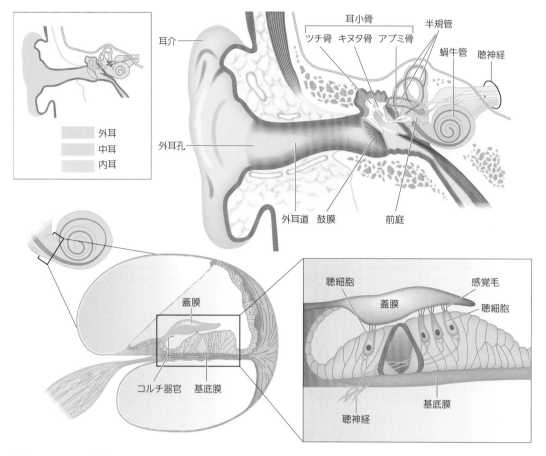

図4-25　耳の構造

音波は，外耳道を通って鼓膜を振動させます．鼓膜の振動は耳小骨で増幅されて蝸牛管に伝わり，リンパ液の振動を介して基底膜を振動させます．基底膜上のコルチ器官が振動すると蓋膜に接触している聴細胞の感覚毛が曲がり，振動の情報が電気信号となります．電気信号は聴神経を通り，大脳皮質の聴覚野へ伝わります．参考文献9，11，29をもとに作成．

● 卵形嚢 = utricle
● 球形嚢 = saccule
● 耳石 = otolith，平衡砂，平衡石

● クプラ = cupula，小帽

● 前庭

　前庭の**耳石器**（**卵形嚢**®と**球形嚢**®）では，受容細胞（有毛細胞）の感覚毛（毛束）の上にゼリー状の物質（**耳石膜**，平衡砂膜）と**耳石**®が乗っています（**図4-26A**）．体が傾くと耳石が動いて感覚毛が曲がり，受容器電位が生じます．興奮が生じることによってからだの傾きを感じます．

● 半規管

　半規管では，受容細胞（有毛細胞）の感覚毛の上に**クプラ**®とよばれるゼリー状の物質が乗っています（**図4-26B**）．からだが回転するとリンパ液の流れの変化によってクプラが動いて感覚毛が曲がり，受容器電位が生じます．興奮が生じることによってからだの回転を感じます．

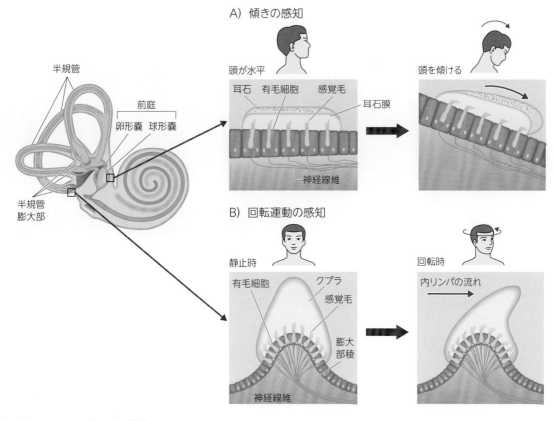

図4-26　平衡受容器の構造

前庭の耳石器では，有毛細胞の感覚毛の上に耳石膜と耳石が乗っています．からだが傾くと耳石が動いて感覚毛が曲がり，受容器電位が生じてからだの傾きを感じます．半規管では，有毛細胞の感覚毛の上にクプラが乗っています．からだが回転するとリンパ液の流れの変化によってクプラが動いて感覚毛が曲がり，受容器電位が生じてからだの回転を感じます．参考文献9をもとに作成．

▶嗅覚器

　鼻の鼻腔にある**嗅上皮**とよばれる粘膜には**嗅細胞**という受容細胞が並んでおり，におい物質（空気中の化学物質）の情報を受けとります（図4-27）．空気中の化学物質は粘液に溶け，嗅細胞から伸びている線毛（**嗅毛**）の嗅覚受容体が化学物質を受けとると受容器電位が生じます．興奮は**嗅神経**によって大脳皮質（嗅覚野）などに伝わって嗅覚が生じます※14.

●嗅上皮= olfactory epithelium
●嗅細胞= olfactory receptor cell
●におい物質= odorant

●嗅毛= olfactory hair

●嗅神経= olfactory nerve

※14　嗅覚が生じる過程：嗅神経の興奮は，大脳の嗅球，嗅索を経て，大脳辺縁系，視床下部，大脳皮質などに伝わります．

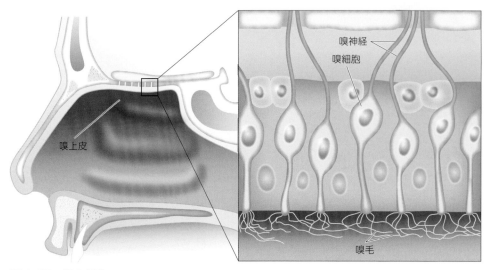

図4-27　鼻の構造

空気中の化学物質は，鼻腔の嗅上皮にある嗅細胞の嗅毛で受けとられ，生じた受容器電位は嗅神経によって大脳皮質の嗅覚野などに伝わります．参考文献40をもとに作成．

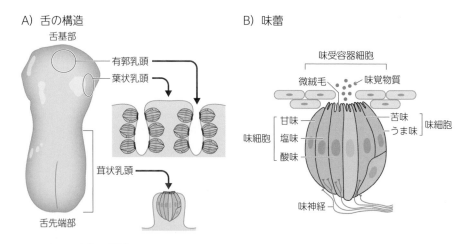

図4-28　味蕾の構造

液体中の化学物質は，舌の味蕾に集まっている味細胞の微絨毛で受けとられ，生じた受容器電位は味神経によって大脳皮質の味覚野へ伝わります．A) 吉田竜介　味蕾　脳科学辞典　https://bsd.neuroinf.jp/wiki/味蕾（2018）より転載，B) 参考文献11をもとに作成．

● 味蕾＝ taste bud，味覚芽
● 味細胞＝ gustatory cell, taste receptor cell
● 顔面神経＝ facial nerve
● 舌咽神経＝ glossopharyngeal nerve
● 迷走神経＝ vagus nerve

※15　味神経：舌の前2/3にある味細胞からの味覚物質の情報の受けとり（入力）は顔面神経，舌の後ろ1/3からの入力は舌咽神経，喉頭，食道からの入力は迷走神経によって伝えられます．

※16　味覚が生じる過程：味神経の興奮は延髄，視床などを経て大脳皮質に伝わります．

▶ **味覚器**

　舌の**味蕾**には**味細胞**とよばれる受容細胞が集まっており，味覚物質（液体中の化学物質）の情報を受けとります（**図4-28**）．唾液に溶けた液体中の化学物質を味細胞の**微絨毛**が受けとると受容器電位が生じます．興奮は味神経（**顔面神経**，**舌咽神経**，**迷走神経**）※15 によって大脳皮質（**味覚野**）に伝わって味覚が生じます※16．味覚には基本

味として**甘味**，**苦味**，**酸味**，**塩味**，**うま味**の5種類があります．舌ではさらに触覚，圧覚，温度覚，痛覚なども受けとります．

●甘味 = sweetness
●苦味 = bitterness
●酸味 = sourness
●塩味 = saltiness
●うま味 = umami

3. からだ全体で感じとる一般感覚

▶ 体性感覚の受容器

体性感覚の受容器には，皮膚や筋，腱，関節などからだ全体にあり，機械的な力を検知して触覚や圧覚として感じたり，筋の伸び具合や張り具合を検知して位置や動きを感じたりする機械受容器があります．また，温度を検知して熱さや冷たさを感じるための**温度受容器**[※17]や組織の損傷を検知して痛みを感じるための**侵害受容器**などもあります．温度受容器や侵害受容器は**自由神経終末**[※18]とよばれ，神経線維の末端に他の受容器にあるような刺激を受けるための特別な構造をもちません．軸索がむき出しになっています．

※17 温度受容器（thermoreceptor）：温度受容器には，数種類の温度感受性TRP（transient receptor potential）チャネルとよばれる温度によって反応するイオンチャネルが存在しています．このチャネルは温度のみならず，他の物理的な刺激や化学的な刺激などにも反応することが知られています．例えば，トウガラシの辛味成分であるカプサイシンに反応して辛味を感じさせます．

●侵害受容器 = nociceptor

※18 自由神経終末（free nerve ending）：自由神経終末の求心性線維は無髄か太さの細い有髄神経線維でできており，伝導速度は遅いです．

基本味の意義

基本味はからだに必要なものの摂取を促進し，からだに害となるものの摂取を抑制するという意義をもっています．

甘味のするものはからだにとって必要な糖類などのエネルギー源であり，本能的に好む味がします．苦味のするものは毒物であることが多いことから，本能的に避ける味がします．酸味のするものは未熟でまだ食べるのに適していない果物や腐った食べものであることが多いことから，これらを見分けて食べるのを避ける味となっています．塩味のするものはミネラルなどを含んでいることから好まれる味がしますが，塩味の強いしょっぱすぎるものはからだの恒常性を壊す可能性があることから避ける味となります．うま味は，からだをつくる材料となるアミノ酸や核酸が含まれていることから好む味がします．

ヒトは，酸味や苦味のするものであっても，食べても問題ないものを学習して，好んでその味を楽しむようになります．

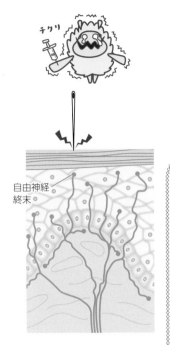

自由神経
終末

- メルケル盤＝Merkel disk，メルケル
  触盤
- マイスナー小体＝Meissner corpuscle，
  マイスネル小体，触覚小体
- パチニ小体＝Pacinian corpuscle，
  ファーター・パチニ小体
- ルフィニ小体＝Ruffini corpuscle，
  ラフィニー小体
- 毛包受容体＝hair follicle receptor

- 筋紡錘＝muscle spindle
- ※19　筋の張力：筋の収縮によって生じる
  筋が物体を引っ張る力．
- 腱紡錘＝ゴルジ腱器官：tendon organ
  of Golgi
- ※20　自己受容器：筋紡錘や腱紡錘など，
  からだの中で起こる刺激を受容するものは
  自己受容器（固有受容器）ともいいます．

● 皮膚の感覚点

　皮膚には触圧覚，温覚，冷覚，痛覚の刺激を受容する**感覚点**があり，それぞれ**触圧点，温点，冷点，痛点**といいます．感覚点には機械受容器や温度受容器（自由神経終末），侵害受容器（自由神経終末）などの受容器があります．

advance

皮膚の機械受容器

皮膚の機械受容器には，特性の異なるさまざまな種類のものがあります．皮膚の浅い部分で軽い接触（圧・変形の大きさ）をとらえる**メルケル盤**，皮膚の浅い部分でわずかな圧の変化，低周波の振動をとらえる**マイスナー小体**，皮膚の深い部分で圧の変化，高周波の振動をとらえる**パチニ小体**，皮膚の深い部分で皮膚の伸び縮み（持続的な変形）の大きさをとらえる**ルフィニ小体**，毛根に巻き付いて毛の動きをとらえる**毛包受容体**などがあります．

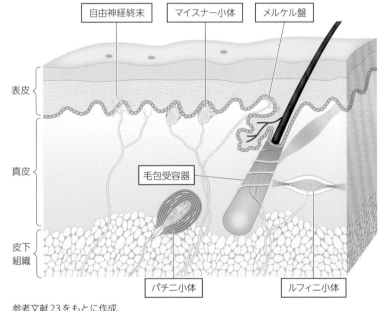

参考文献23をもとに作成．

● 運動器の筋紡錘と腱紡錘

　筋，腱，関節，骨膜などの運動器には深部感覚にかかわる受容器があり，筋の長さと速度の変化をとらえる**筋紡錘**と筋の張力[19]をとらえる**腱紡錘**などの機械受容器[20]があります（図4-29）．また，温度受容器（自由神経終末）や侵害受容器（自由神経終末）なども存在します．

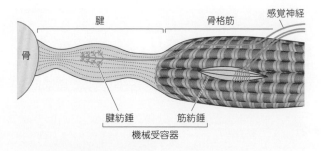

図4-29 筋紡錘と腱紡錘

筋，腱，関節，骨膜などの運動器には，筋の長さなどをとらえる筋紡錘，筋の張力をとらえる腱紡錘などの機械受容器があります．参考文献41をもとに作成．

▶内臓感覚の受容器

　内臓感覚の受容器は内臓にあり，機械受容器，化学受容器，温度受容器，侵害受容器などがあります．例えば，機械受容器には血圧の変化を検出する圧受容器，化学受容器には血液中の酸素や二酸化炭素を検出する受容器などがあります．

練 習 問 題

ⓐ 刺激の受容と感覚 （→ 表4-2）

❶ 耳の前庭の有毛細胞における適刺激を選んでください.

①音　②からだの回転　③からだの傾き　④光　⑤化学物質

❷ 受容器で適刺激を受けると発生する受容器における膜電位変化を選んでください.

①活動電位　②感覚　③知覚　④認知　⑤受容器電位

❸ 化学受容器による感覚を選んでください.

①皮膚感覚　②深部感覚　③味覚　④聴覚　⑤平衡覚

❹ 最も順応しにくい感覚を選んでください.

①視覚　②嗅覚　③味覚　④痛覚　⑤触覚

ⓑ 特殊感覚の受容器 （→ 図4-23〜26, 28）

❶ 視覚の遠近調節を行うための筋は何というか答えてください.

❷ 網膜にある色の区別に関与する視細胞は何というか答えてください.

❸ 耳小骨を3つ答えてください.

❹ 半規管の感覚毛の上に乗っているゼリー状物質は何というか答えてください.

❺ 味覚の基本味を5つ答えてください.

ⓒ 一般感覚の受容器 （→ 図4-29）

❶ 皮膚の自由神経終末はどの刺激を受容するか選んでください.

①筋の伸び具合　②組織の損傷　③振動　④光　⑤音

❷ 筋の長さをとらえる受容器は何というか答えてください.

練習問題の 解 答

ⓐ❶ ③

感覚受容器が最も敏感に反応する刺激の種類を適刺激といい，耳の前庭の機械受容器である有毛細胞では適刺激としてからだの傾きを検知します．

❷ ⑤

受容器で適刺激を受けると受容器の膜においてイオンチャネルの開閉などによるイオン透過性の変化によって電位の変化が起こります．この受容器における膜電位変化を受容器電位といいます．

❸ ③

化学物質を受容する化学受容器には，におい物質（空気中の化学物質）を検知して嗅覚を生じさせる嗅覚器や味物質（液体中の化学物質）を検知して味覚を生じさせる味覚器などがあります．

❹ ④

同じ強さの刺激が持続的に受容器に加わることで刺激に対する感度（活動電位の頻度）がしだいに減少して，受容器が反応しにくくなり，これを順応といいます．視覚，聴覚，嗅覚，味覚，触覚などには順応がみられますが，痛覚には順応はみられません．

ⓑ❶ 毛様体筋

視覚の遠近調節は，毛様体筋の収縮と弛緩により，水晶体の厚みを変えることによって行います．近くを見るときは毛様体筋を収縮させ，毛様体小体を緩めて水晶体を厚くし，遠くを見るときは毛様体筋を弛緩させ，毛様体小体を縮めて水晶体を薄くします．

❷ 錐体細胞（錐体，錐状体細胞）

視細胞には杆体細胞と錐体細胞の2種類があり，色の区別などに関与するのが錐体細胞です．杆体細胞は明暗の区別などに関与します．

❸ ツチ骨，キヌタ骨，アブミ骨

中耳にある耳小骨は，ツチ骨，キヌタ骨，アブミ骨の3種類であり，これらによって鼓膜の振動を増幅させます．

❹ クプラ（小帽）

半規管の受容細胞である有毛細胞の感覚毛の上にはクプラとよばれるゼリー状の物質が乗っています．体の回転によるリンパ液の流れの変化によってこのクプラが動いて感覚毛が曲がり，体の回転が検知されます．

❺ 甘味，苦味，酸味，塩味，うま味

味覚の基本味は甘味，苦味，酸味，塩味，うま味の5種類です．味蕾には5種類の基本味をそれぞれ受容する味細胞が存在しています．辛味は味覚ではなく，通常，温度覚（や痛覚）などに分類されます．

❻ ❶ ②

皮膚にある受容器のうち，神経線維の末端が特別な装置をもたないものを自由神経終末とよび，温度を検知する温度受容器や組織の損傷を検知して痛みを感じるための侵害受容器となっています．

❷ 筋紡錘

筋紡錘が筋の長さを検知します．

4. ホルモンによる生理機能の調節

● ホルモンの種類，ホルモン受容体について理解しよう

● ホルモン分泌の調節について理解しよう

● 各ホルモンの作用を理解しよう

重要な用語

ホルモン

からだを刺激してからだのさまざまな働き（成長，代謝，生殖，恒常性など）を調節する物質．内分泌腺から分泌され特定の細胞，器官に作用する．

内分泌腺

ホルモンを分泌する器官のこと．ホルモンは導管などを介さずに直接，血液や組織液に分泌される．

ペプチドホルモン

アミノ酸がつながってできたペプチドからなるホルモン．

アミン型ホルモン

アミノ酸のチロシンなどからつくられるホルモン．カテコールアミンや甲状腺ホルモン．

ステロイドホルモン

コレステロールからつくられるホルモン．副腎皮質ホルモンや性ホルモン．

ホルモン受容体

特定のホルモンが結合する構造のこと．受容体をもつ細胞にのみホルモンは作用する．水溶性ホルモンの結合する細胞膜受容体は細胞内へ情報を伝え，脂溶性ホルモンの結合する細胞質受容体，核内受容体は遺伝子の転写，翻訳を生じさせて生理機能を調節する．

神経分泌

神経細胞でホルモンが合成され，軸索を介して血中に分泌される現象．

負のフィードバック

過剰になったホルモンがそのホルモンを分泌させる上位のホルモンを抑制して，ホルモンの分泌を抑えるしくみ．

1. ホルモンとは

● ホルモン＝ hormone

● 外分泌腺＝ exocrine gland
● 導管＝ duct，排出管
※1　外分泌（exocrine）：消化管の内側
の腔腔内はからだの外側になります.
● 内分泌腺＝ endocrine gland，内分泌
器官
● 内分泌細胞＝ endocrine cell
※2　内分泌（endocrine）：ホルモンはも
ともと，内分泌腺でつくられるといわれて
いましたが，現在は全身のあらゆる場所で
つくられていることが知られています. 脳
の神経細胞やグリア細胞でつくられるステ
ロイドホルモン（ニューロステロイド）な
どもあります.
※3　その他のホルモン：ホルモンには，血
液中に分泌されずに近くの細胞に作用する
もの（パラクリン，傍分泌）や内分泌細胞
自体に作用するもの（オートクリン，自己
分泌）もあります.
※4　膵臓の機能：膵臓は，膵液を出す外
分泌腺であり，インスリンやグルカゴンな
どのホルモンを出す内分泌腺でもあります.
● 内分泌系＝ endocrine system
※5　液性調節：ホルモンによる調節は液
性調節ともいいます.

● ペプチドホルモン＝ peptide hormone
● アミン型ホルモン＝ amine-type hor-
mone，アミノ酸誘導体ホルモン：ami-
no acid-derived hormone
● ステロイドホルモン＝ steroid hormone
※6　ホルモンの覚え方：多くのホルモン
はペプチドホルモンなので，アミン型ホル
モンとステロイドホルモンに分類されてい
るホルモンを覚えておくとよいでしょう.

ホルモンという言葉は「刺激する」，「よび覚ます」という意味をもつギリシャ語「hormao」が由来となっています. ホルモンとはからだを刺激してからだのさまざまな働き（生理的な機能）をよび覚ます物質です.

ホルモンは体内の状態（内部環境）を一定に保つ働き（恒常性）をし，発育・成長，代謝，性の分化・生殖や本能的な行動を促すなど，生理機能を調節して個体の生存と繁殖を有利に進めるために働きます.

ホルモンは非常に低い濃度で働き，50 m プール一杯の水にスプーン1杯程度の濃度で作用するといわれています.

▶ ホルモンを分泌する内分泌腺

汗，唾液，胃液，腸液などは，**外分泌腺**とよばれる器官から**導管**とよばれる管などによって体外に放出（分泌）されます（**外分泌**※1）. 一方，ホルモンは導管などを介さずに**内分泌腺**とよばれる器官の**内分泌細胞**から直接，血液や組織液中に分泌されます（**内分泌**※2）. 分泌されたホルモンの多くは血液によって全身に運ばれます（**図4-30**）※3.

内分泌腺には，視床下部，下垂体，甲状腺，副甲状腺，副腎，膵臓，生殖腺，消化管，腎臓，松果体などがあります. 膵臓のように外分泌腺と内分泌腺の両方の機能をもつ器官もあります※4.

内分泌腺からホルモンを分泌して各細胞（組織・器官）に情報を伝え，生理機能を調節するシステムを**内分泌系**といいます※5. 内分泌系による作用は，神経系による作用と比較すると一般的に情報伝達の速度は遅く，効果は長く持続するという特徴があります.

▶ ホルモンの種類

ホルモンを化学構造によって分類すると，**ペプチドホルモン**，**アミン型ホルモン**，**ステロイドホルモン**に分けられます※6.

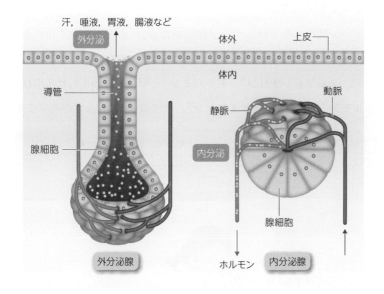

図4-30 外分泌腺と内分泌腺
外分泌腺は導管を介して汗，唾液，胃液，腸液などをからだの外に分泌します．内分泌腺は，導管を介さずにホルモンを直接，血液や組織液中に分泌します．参考文献30をもとに作成．

● ペプチドホルモン

ペプチドホルモンは，アミノ酸がつながってできたペプチド（トリペプチド，オリゴペプチド，ポリペプチド，タンパク質など）からなるホルモンで，多くのホルモンがこれに該当します．通常のタンパク質と同様にDNAにあるホルモンの遺伝情報から転写，翻訳，プロセシングを経てつくられます．

● タンパク質の合成 →1章1-5

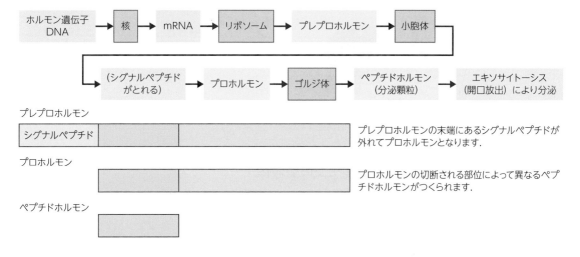

● アミン型ホルモン

　アミン型ホルモンは，アミノ酸の**チロシン**などからつくられるホルモンで[7]，副腎髄質でつくられる**カテコールアミン**の**アドレナリン**[8]，**ノルアドレナリン**，**ドーパミン**と甲状腺でつくられる**甲状腺ホルモン**の**トリヨードサイロニン**，**サイロキシン**などがあります．

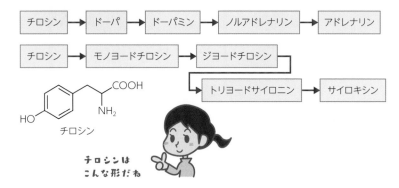

チロシン

チロシンは
こんな形だね

● ステロイドホルモン

　ステロイドホルモンは，**コレステロール**からつくられるホルモンで[9]，ステロイド骨格とよばれる構造をもちます．副腎皮質でつくられる**副腎皮質ホルモン**の**コルチゾール**，**アルドステロン**，性腺でつくられる性ホルモンの**エストラジオール**，**プロゲステロン**，**テストステロン**などがあります．ステロイドホルモンは脂溶性のため，細胞膜を透過して細胞内に入ることができます．

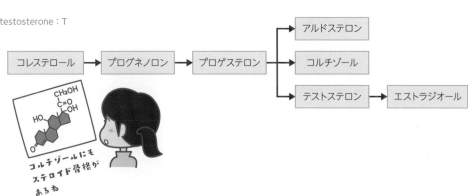

コルチゾールにも
ステロイド骨格が
あるね

▶ ホルモンの受容体

　ホルモンは，そのホルモンに対応する**ホルモン受容体**に結合することによって作用します．したがって，ホルモンは対応するホルモン受容体をもつ細胞（**標的細胞**[10]）のみに作用します（**図4-31**）．

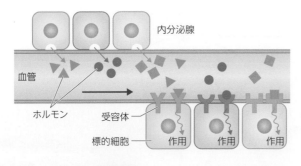

図4-31 ホルモンの受容体
ホルモンは，対応するホルモン受容体の存在する標的細胞にのみ作用します。
参考文献30をもとに作成。

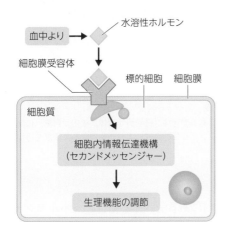

図4-32 水溶性ホルモンの受容体
水溶性ホルモンは細胞膜の受容体に結合し，細胞内に情報を伝えます。細胞内では細胞内情報伝達機構（セカンドメッセンジャー）が活性化されて生理機能の調節が生じます。参考文献9をもとに作成。

● **水溶性ホルモンの受容体**

　ペプチドホルモンとアミン型ホルモン（甲状腺ホルモンは除く）は水溶性（親水性）で細胞膜を通過できないため，細胞膜上に受容体があります（**細胞膜受容体**，図4-32）。

　水溶性ホルモンは分泌顆粒の中に蓄えられており，**エキソサイトーシス**によって分泌されます。分泌された水溶性ホルモンは，細胞膜上の受容体に結合することによって，細胞内情報伝達機構[11]を活性化することで生理機能を調節します。

● **脂溶性ホルモンの受容体**

　ステロイドホルモンと甲状腺ホルモン[12]は脂溶性（疎水性）で細胞膜を通り抜けられるため細胞内（細胞質，核）に受容体があります（**細胞質受容体，核内受容体**，図4-33）。

　脂溶性ホルモンはエキソサイトーシスではなく，そのまま内分泌腺から漏れ出ることによって分泌されます。分泌された脂溶性ホルモン

● エキソサイトーシス　→1章1-3

※11　細胞内情報伝達機構（セカンドメッセンジャー）：代表的なセカンドメッセンジャーには，サイクリックAMP（cAMP）などがあります。

※12　甲状腺ホルモンの通り抜け：甲状腺ホルモンは輸送担体によって細胞内に入るとも考えられています。

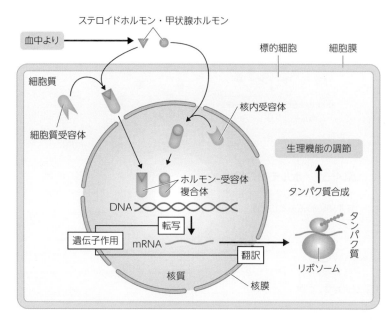

図4-33　脂溶性ホルモンの受容体
脂溶性ホルモンは細胞内に入り，細胞内にある受容体（細胞質受容体，核内受容体）に結合することによって遺伝子作用を生じ，タンパク質の合成によって生理機能の調節を行います．参考文献9をもとに作成．

脂溶性のホルモンは
細胞内に入れるよ♪

※13　細胞膜上の受容体：近年，細胞膜上にもステロイドホルモンの受容体がみつかっており，こちらはより迅速に作用するものと考えられています．

● 視床下部＝hypothalamus

● 下垂体＝pituitary grand, hypophysis，脳下垂体
※14　視床下部−下垂体系：視床下部と下垂体は密接に関係して機能するため，併せて視床下部−下垂体系とよばれます．

は，細胞内に入って細胞質や核内にある受容体と結合し（ホルモン−受容体複合体），DNAに作用して遺伝子の転写，翻訳を調節します（**遺伝子作用**）．タンパク質合成にかかわることで生理機能の調節を行います．遺伝子発現を伴うため，水溶性ホルモンによる作用と比べて時間がかかりますが，長期間効果が持続します[13]．

2. 内分泌系の司令塔，視床下部と下垂体

　間脳にある**視床下部**は内分泌系の司令塔として働きます．内分泌系全体をコントロールする中枢となっており，すぐ下に位置する**下垂体**とともにホルモン分泌の調整を担っています（**図4-34**）[14]．

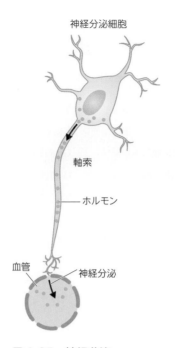

神経分泌細胞

軸索

ホルモン

血管 神経分泌

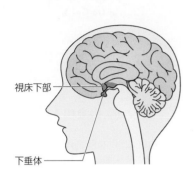

視床下部

下垂体

図4-34 視床下部と下垂体
視床下部は間脳に位置しており，その下に下垂体が垂れ下がっています．

図4-35 神経分泌
視床下部などにある神経分泌細胞でつくられたホルモンは軸索を通り，軸索終末から血中に分泌されます．

▶ 神経細胞からのホルモン分泌（神経分泌）

　一般的にホルモンは内分泌腺から分泌されますが，視床下部では神経細胞でホルモンが合成され，軸索を介して軸索終末から血中に分泌されます．神経細胞からホルモンが分泌されることを**神経分泌**といいます（図4-35）．

● ホルモンを分泌する神経細胞＝神経分泌細胞：neurosecretory cell，神経内分泌細胞：neuroendocrine cell
● 神経分泌＝neurosecretion，神経内分泌：neuroendocrine

神経系？それとも
内分泌系？

　神経分泌されるホルモンには，視床下部の神経分泌細胞でつくられて，視床下部から分泌されるホルモン（**視床下部ホルモン**）と，視床下部の神経分泌細胞でつくられて，下垂体後葉まで伸びている軸索の末端から分泌されるホルモン（**下垂体後葉ホルモン**）などがあります．

● 視床下部ホルモン＝hypothalamic hormone

● 下垂体後葉ホルモン＝posterior pituitary hormone

表4-3　放出ホルモンと放出抑制ホルモン

種類	名称	略語
放出ホルモン（RH）	成長ホルモン放出ホルモン	GHRH, GRH
	プロラクチン放出ホルモン	PRH, PRLRH
	甲状腺刺激ホルモン放出ホルモン	TRH
	副腎皮質刺激ホルモン放出ホルモン	CRH
	性腺刺激ホルモン放出ホルモン	GnRH
放出抑制ホルモン（IH）	成長ホルモン放出抑制ホルモン	GHIH
	ソマトスタチン	SS
	プロラクチン放出抑制ホルモン	PIH, PRIH, PRLIH
	ドーパミン	DA
	性腺刺激ホルモン放出抑制ホルモン	GnIH

ホルモンの名前は長いものが多いので略称であらわされる場合があります．略称も併せて覚えておきましょう．略称にはいくつかのパターンがある場合もあります．別名をもつホルモンは，別名も併せて覚えておきましょう．放出ホルモンには他に，メラニン細胞刺激ホルモン（MSH，作用：メラニン合成を促進する）の分泌を促すメラニン細胞刺激ホルモン放出ホルモン（MRH）などもあります．放出抑制ホルモンには他に，メラニン細胞刺激ホルモンの分泌を抑制するメラニン細胞刺激ホルモン放出抑制ホルモン（MIH）などもあります．GHRH, GRH：growth hormone releasing hormone，PRH, PRLRH：prolactin hormone releasing hormone，TRH：thyroid-stimulating hormone releasing hormone，CRH：corticotropin releasing hormone，GnRH：gonadotropin releasing hormone（ゴナドトロピン放出ホルモン），GHIH：growth hormone release-inhibiting hormone，PIH, PRIH, PRLIH：prolactin release-inhibiting-hormone，GnIH：gonadotropin release-inhibiting hormone，GnRHは，黄体形成ホルモン放出ホルモン（LHRH）ともよばれることもあります．

▶ 視床下部ホルモン

※15　視床下部ホルモンの種類：視床下部ホルモンは，ドーパミン（カテコールアミン）以外はすべてペプチドホルモンです．
● 放出ホルモン＝ releasing hormone：RH
● 放出抑制ホルモン＝ inhibitory hormone：IH
● 下垂体前葉ホルモン＝ anterior pituitary hormone

視床下部から分泌される視床下部ホルモン※15には，数種類の**放出ホルモン**と**放出抑制ホルモン**があります（表4-3）．分泌された視床下部ホルモンは**下垂体門脈**とよばれる血管を通って下垂体前葉に作用し，下垂体前葉から分泌されるホルモン（**下垂体前葉ホルモン**）の放出を調節（促進もしくは抑制）します（図4-36）．

▶ 下垂体前葉ホルモン

下垂体前葉から分泌される下垂体前葉ホルモンは，対応する前述の視床下部ホルモンによって分泌が調節（促進もしくは抑制）されます※16．

※16　下垂体前葉ホルモン：下垂体前葉ホルモンはすべてペプチドホルモンです．下垂体前葉ホルモンを分泌する細胞には視床下部ホルモンの受容体が存在しています．

下垂体前葉ホルモンには，4種類の**刺激ホルモン**と，**成長ホルモン**，**プロラクチン**があります．

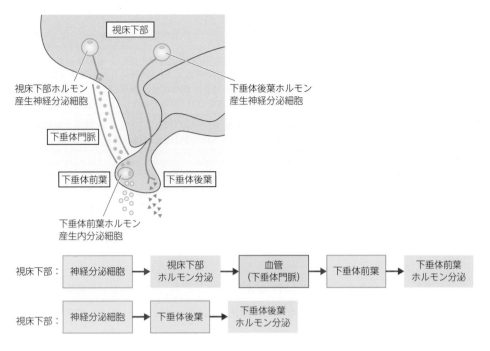

図4-36 視床下部と下垂体におけるホルモン分泌のしくみ
視床下部の神経分泌細胞でつくられた視床下部ホルモンは，視床下部から分泌され，下垂体門脈を通って下垂体前葉に作用し，下垂体前葉ホルモンを分泌させます．視床下部の神経分泌細胞でつくられた下垂体後葉ホルモンは，軸索を通って下垂体後葉にある軸索終末から分泌されます．

表4-4 刺激ホルモン（SH）

名称	略語
甲状腺刺激ホルモン（サイロトロピン）	TSH
副腎皮質刺激ホルモン（コルチコトロピン）	ACTH
性腺刺激ホルモン（ゴナドトロピン）	GTH
・卵胞刺激ホルモン	FSH
・黄体化ホルモン（黄体形成ホルモン）	LH

SH：stimulating hormone，TSH：thyroid stimulating hormone，ACTH：adrenocorticotropic hormone，GTH：gonado-tropic hormone，FSH：follicle stimulating hormone，LH：luteinizing hormone.

● **刺激ホルモン**

　刺激ホルモンには，**甲状腺刺激ホルモン**（TSH），**副腎皮質刺激ホルモン**（ACTH），**性腺刺激ホルモン**（GTH）があり，それぞれの内分泌腺（甲状腺，副腎皮質，性腺）を刺激してホルモン（甲状腺ホルモン，副腎皮質ホルモン，性ホルモン）の分泌を促します（表4-4）．

　性腺刺激ホルモンは2種類あり，**卵胞刺激ホルモン**（FSH）と**黄体**

表4-5 性腺刺激ホルモン

卵胞刺激ホルモン（FSH）	黄体形成ホルモン（LH）
女性では卵胞の発育を促進し，卵胞から分泌されるエストロゲン（卵胞ホルモン）のエストラジオール（17β-エストラジオール：E_2）の産生を促進します．	女性では卵胞の最終的な成熟を促し，卵胞からエストロゲン（卵胞ホルモン）のエストラジオールを分泌させます．また，排卵を誘発し，黄体の形成を促進して，黄体から分泌されるプロゲステロン（黄体ホルモン）の分泌を促進します．
男性では精巣のセルトリ細胞に作用して精子の形成を促進します．	男性では精巣から分泌されるアンドロゲン（精巣ホルモン）のテストステロン（T）の分泌を促進します．

女性化作用をもつホルモンを総称してエストロゲン（estrogen，卵胞ホルモン：follicular hormone）とよび，エストロゲンにはエストロン，エストラジオール，エストリオールなどがあります．FSHはテストステロンをエストラジオールに変換するアロマターゼとよばれる酵素の活性を増します．FSHは卵巣，精巣からインヒビン，アクチビンとよばれるホルモンを分泌させます．インヒビンはGnRH，FSHの分泌を抑制，アクチビンはFSHの分泌を促進します．LHは男性の場合，間質細胞刺激ホルモン（ICSH）ともよばれます．男性化作用をもつホルモンを総称してアンドロゲン（androgen）とよび，テストステロン，アンドロステロン，アンドロステジオンなどがあります．

形成ホルモン（LH）があります．どちらのホルモンも視床下部ホルモンの性腺刺激ホルモン放出ホルモン（GnRH）によって分泌が促進されます（表4-5）．

● 成長ホルモン

成長ホルモン（GH）の分泌は，視床下部ホルモンの成長ホルモン放出ホルモン（GHRH，GRH）の分泌によって促進され，成長ホルモン放出抑制ホルモン（ソマトスタチン）の分泌によって抑制されます[17]．

成長ホルモンの作用は，からだの成長促進（特に骨や筋），タンパク質の合成促進（同化作用），脂肪の分解促進，グリコーゲンの分解促進による血糖値の上昇などです．

※17 成長ホルモン（growth hormone：GH）：GHは，絶食や低血糖などによるエネルギー源の欠乏，ストレス，運動，睡眠（前半部分）などによって分泌が促進されます．血糖値の上昇によって分泌は抑制されます．成長ホルモンによって放出が促進されるソマトメジン〔インスリン様成長因子Ⅰ（IGF-Ⅰ）〕などによってタンパク質合成や細胞増殖が促されて成長が促進します．成長ホルモンの過剰分泌は小児では巨大症，成人では先端巨大症（末端肥大症）を引き起こし，分泌の欠乏は小児で成長ホルモン分泌不全性低身長症を引き起こします．

● プロラクチン

プロラクチン（PRL）の分泌は，視床下部ホルモンのプロラクチン放出ホルモン（PRH）によって促進され，プロラクチン放出抑制ホルモン（ドーパミン）の分泌によって抑制されます[18].

プロラクチンの作用は，乳腺の発育，乳汁産生・分泌促進，母性行動促進，妊娠の維持などです[19].

ゴクゴク

※18　プロラクチン（prolactin：PRL）の分泌：甲状腺刺激ホルモン放出ホルモン（TRH）によっても促進されます．女性の思春期のエストロゲン分泌増加時，妊娠後，授乳期間中などに分泌が増加します.

※19　プロラクチンの作用：高濃度のプロラクチンは生殖腺機能を抑制します．授乳期間中はプロラクチンの分泌が促され，排卵は起こりません．授乳（吸乳刺激）がないとプロラクチンの分泌は低下し，乳汁産生はやがて止まります．下垂体腫瘍によりプロラクチンの過剰分泌が生じると授乳期以外での乳汁漏出や不妊（排卵障害），無月経などが生じます.

▶ 下垂体後葉ホルモン

視床下部でつくられ下垂体後葉で分泌される下垂体後葉ホルモン[20]は2種類のみで，**バソプレシン**[21]と**オキシトシン**があります.

生まれは視床下部の神経分泌細胞

後葉からはボクら2種類だけ！

※20　下垂体後葉ホルモンの種類：下垂体後葉ホルモンはすべてペプチドホルモンです.

※21　バソプレシン（vasopressin：VP，抗利尿ホルモン，antidiuretic hormone：ADH，アルギニンバソプレシン：AVP）：バソプレシンは利尿に抵抗する（利尿を抑える）効果があるため抗利尿ホルモンともよばれます．ヒトでは8番目のアミノ酸がアルギニンとなっているためアルギニンバソプレシンともよばれます.

● オキシトシン= oxytocin：OXT，射乳ホルモン

● バソプレシン

バソプレシン（抗利尿ホルモン，アルギニンバソプレシン）は，細胞外液や血液量が減少し，血液の濃度が濃くなること（**血漿浸透圧の上昇**）や血圧の低下などによって分泌が促進されます（図4-37）[22].

バソプレシンの作用は，腎臓での水の再吸収を促進して，尿量を減少させます（水分保持，**抗利尿作用**）．そのため，尿の濃度は濃くなります（**尿浸透圧の上昇**）．血液量は増加し，血液の濃度は薄くなります（血漿浸透圧の低下）．心臓に戻る血液の量は増え（静脈還流量の増加），心臓から出る血液の量も増えます（心拍出量の増加）．また血管を収縮させて，血圧を上昇させます（図4-37）.

病気によってバソプレシンの分泌が不足すると口渇，多飲，多尿となります（**尿崩症**）.

※22　バソプレシンの分泌：逆に血液量が増え，血液の濃度が薄くなること（血漿浸透圧の低下）や血圧の上昇などによってバソプレシンの分泌は抑制されます.

● 尿崩症= diabetes insipidus

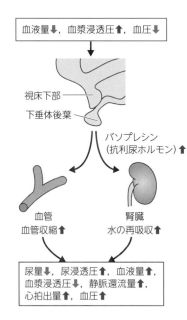

血液量⬇, 血漿浸透圧⬆, 血圧⬇

視床下部

下垂体後葉

バソプレシン
(抗利尿ホルモン)⬆

血管
血管収縮⬆

腎臓
水の再吸収⬆

尿量⬇, 尿浸透圧⬆, 血液量⬆,
血漿浸透圧⬇, 静脈還流量⬆,
心拍出量⬆, 血圧⬆

図4-37　バソプレシンの作用

血液量の低下，血漿浸透圧の上昇，血圧の低下によってバソプレシンが分泌され，腎臓での水の再吸収が促進されて尿量が減少し，血液量の増加，血漿浸透圧の低下，血圧の上昇などが生じます.

● オキシトシン

　オキシトシンは分娩時や授乳時に分泌が促進され，子宮の平滑筋を収縮させて出産を促し，出産後の出血量の減少にも役立ちます. また，乳腺の平滑筋（筋上皮細胞）を収縮させて乳汁分泌（乳汁射出，射乳）を促進します. 脳に作用して愛着を生じさせたり，社会的行動にかかわることなども知られています.

▶ ホルモン分泌の調節

● 負のフィードバック

　ホルモンが過剰になると，そのホルモンが視床下部や下垂体前葉に作用して，放出ホルモンや刺激ホルモンの分泌を抑制します. このように，途中や最後の物質が前段階の反応を抑える制御のしかたを**負のフィードバック**といいます（図4-38）. 一般的にはホルモンが過剰になると負のフィードバックによりホルモンの分泌は抑えられます.

● 負のフィードバック＝negative feedback，ネガティブ・フィードバック

● 正のフィードバック

　一部のホルモンは，分泌されたホルモンがさらにホルモンの分泌を刺激してホルモンを大量に放出させる**正のフィードバック**が働きます. 例えば，排卵の前には，エストロゲンの分泌量の多い状態が続くことで正のフィードバックが働き，性腺刺激ホルモン放出ホルモン

● 正のフィードバック＝positive feedback，ポジティブ・フィードバック

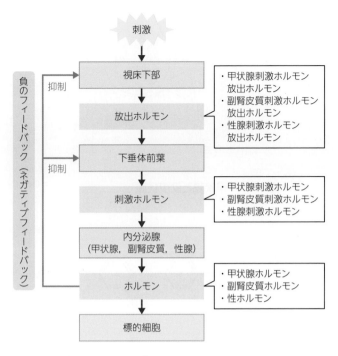

図4-38　負のフィードバック
ホルモンが過剰になると負のフィードバックによって放出ホルモン，刺激ホルモンの分泌が抑えられ，ホルモンの分泌量は減少します．ホルモンが不足しているときは負のフィードバックは働かず，放出ホルモン，刺激ホルモンの分泌によってホルモンの分泌が促されます．

（GnRH）の大量分泌が生じます．そして黄体形成ホルモンを大量に分泌（**LHサージ**）させて排卵を生じさせます．

3. 成長や代謝にかかわる 甲状腺のホルモン

甲状腺からは成長の促進と代謝の調節をする甲状腺ホルモンが分泌されます．また，血中のカルシウム濃度を調節する2種類のホルモンとして，甲状腺から**カルシトニン**●，副甲状腺※23から**パラトルモン**●が分泌されます（**図4-39**）．

▶甲状腺ホルモンの分泌と作用

甲状腺ホルモンはアミン型ホルモンに分類されていますが，細胞膜を通って細胞内に入ります※24．ヨード●を4つもつサイロキシン（チロキシン，T_4）とヨードを3個もつトリヨードサイロニン（トリヨードチロニン，T_3）があります（**図4-40**）．

● カルシトニン＝ calcitonin：CT

※ 23　副甲状腺（parathyroid gland，上皮小体）：副甲状腺は甲状腺の裏にある4個の小さな組織です．

● パラトルモン＝ parathormone：PTH，パラソルモン，副甲状腺ホルモン，上皮小体ホルモン

※ 24　甲状腺ホルモンの輸送：ベンゼン環を2つもつため脂溶性ですが，輸送担体によって細胞内に入るとも考えられています．
● ヨード＝ヨウ素，I

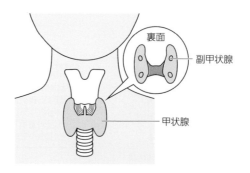

図4-39　甲状腺と副甲状腺

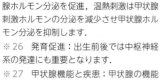

図4-40　甲状腺ホルモンの構造

サイロキシン（T_4）はヨードを4つもち，トリヨードサイロニン（T_3）はヨードを3つもちます．甲状腺ではサイロキシンが多くつくられます．サイロキシンはトリヨードサイロニンに変換（脱ヨード化）されて活性が強くなります．

甲状腺ホルモンは，視床下部から分泌される甲状腺刺激ホルモン放出ホルモン（TRH）の分泌，下垂体前葉から分泌される甲状腺刺激ホルモン（TSH）の分泌を経て，合成・分泌が促されます[25]．

甲状腺ホルモンは，全身の細胞に作用して成長と代謝を促進します．具体的には，タンパク質合成の促進（発育促進）[26]，グリコーゲンの分解促進（血糖値上昇），グルコースの腸管への取り込みと利用の促進（糖吸収促進），脂質の分解促進，酸素消費の増大（基礎代謝率の上昇），熱産生の増加（体温上昇），アドレナリン作用の増強〔心臓の収縮力増強，心拍数増加（頻脈），血圧上昇〕などが生じます[27]．

※25　寒冷刺激と温熱刺激：寒冷刺激は甲状腺刺激ホルモンの分泌を増加させ甲状腺ホルモン分泌を促進，温熱刺激は甲状腺刺激ホルモンの分泌を減少させ甲状腺ホルモン分泌を抑制します．
※26　発育促進：出生前後では中枢神経系の発達にも重要となります．
※27　甲状腺機能と疾患：甲状腺の機能低下により，基礎代謝の低下による低体温，体重増加，発汗障害，便秘，抑うつや，徐脈，粘液水腫，眼瞼浮腫（後天性甲状腺機能低下症），自己免疫疾患の慢性甲状腺炎：橋本病），小児の発育阻害による低身長，知能・精神発育の遅れ（先天性甲状腺機能低下症，クレチン症）などが起こります．甲状腺の機能亢進により，代謝亢進による多汗，動悸，体重減少，下痢などや，自律神経障害による指などの振戦，精神不安，不眠など，メルセベルグの三主徴として知られる眼球突出，甲状腺肥大，頻脈などが生じます（甲状腺機能亢進症，バセドウ病，グレーブス症）．

▶血中カルシウム濃度の調節

● カルシトニン

　甲状腺から分泌されるカルシトニン（CT）は，血液中のカルシウムイオン（Ca^{2+}）濃度の増加によって分泌が促されます．

　カルシトニンの作用は，骨からのカルシウムの放出（骨吸収）を抑制して，骨へのカルシウムの沈着を促します（**骨形成**）[28]．また，尿に排泄されるカルシウムの量を増やし（排泄促進），血液中の Ca^{2+} 濃度を下げます．

※28　ヒトのカルシトニン：ただし，ヒトのカルシトニンの活性は非常に弱いため，骨形成にはほぼ作用せず，骨粗鬆症や高カルシウム血症の治療などにはサケなどのカルシトニンが使われます．骨の形成に関係するホルモンとして，甲状腺ホルモン，GH，IGF-Ⅰは軟骨の成長，骨化を促進し，性ホルモンは骨の代謝（骨形成）にかかわります．

● パラトルモン

　副甲状腺（上皮小体）から分泌されるパラトルモン（パラソルモン，副甲状腺ホルモン，上皮小体ホルモン，PTH）は，血液中の Ca^{2+} 濃度の低下によって分泌が促進されます．

　パラトルモンの作用は，骨のカルシウムを血液中に移動させて血中カルシウム濃度を上げることです（**骨吸収**）．併せて，腸管からのカルシウムの吸収を増やし（再吸収促進）[29]，尿に排泄されるカルシウムの量を減らします（排泄抑制）[30]．

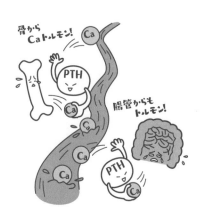

※29　再吸収促進：パラトルモンは活性型ビタミン D_3 の産生促進を介して腸管からの Ca^{2+} の吸収を促進します．

※30　パラトルモンの分泌異常：高値になると高カルシウム血症，骨量低下，尿路結石などが起こります（副甲状腺機能亢進症）．逆に低値で低カルシウム血症となると神経や筋の興奮性の異常な亢進によって手足の筋肉の痙攣が生じます（副甲状腺機能低下症，テタニー）．

4. ストレスや興奮などにかかわる副腎ホルモン

● 副腎皮質 = adrenal cortex
● 副腎髄質 = adrenal medulla

副腎は腎臓の上にあり，外側の**副腎皮質**[*]と内側の**副腎髄質**[*]からなります（図4-41）.

▶ 副腎皮質ホルモン

副腎皮質から分泌される副腎皮質ホルモンはすべてステロイドホルモンです．**糖質コルチコイド**[※31]，**電解質コルチコイド**[※32]，**副腎アンドロゲン**[*]などがあります．

● 糖質コルチコイド

糖質コルチコイド（グルココルチコイド）の代表的なものはコルチゾール（コルチゾル）です．コルチゾールは，低血糖，外傷，感染や外部からのストレス刺激（ストレッサー）などによって分泌が増加します．ストレス刺激による視床下部からの副腎皮質刺激ホルモン放出ホルモン（CRH）の分泌，下垂体前葉からの副腎皮質刺激ホルモン（ACTH）の分泌を経て，コルチゾールの分泌が促されます[※33].

コルチゾールの作用には，骨格筋のタンパク質の分解，肝臓でのアミノ酸からの糖新生（グルコース産生）などによる血糖値の上昇，炎

※31　糖質コルチコイド(glucocorticoid)：糖質（グルコース）代謝に関係する副腎の皮質（cortical）の部分から分泌されるステロイドホルモン（コルチコステロイド）という意味で，糖質コルチコイドにはコルチゾール，コルチコステロン，コルチゾンなどがあります．

※32　電解質コルチコイド（mineralocorticoid）：電解質（鉱質，ミネラル）代謝に関係する皮質のステロイド（コルチコステロイド）という意味で，代表的なものはアルドステロンです．
● 副腎アンドロゲン = adrenal androgen, 副腎性アンドロゲン

※33　ストレス反応系：このストレス反応系は視床下部－下垂体－副腎皮質系（HPA系，HPA軸）などとよばれます．

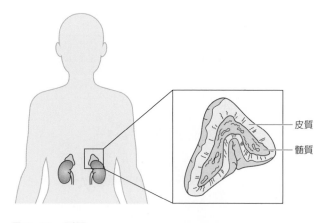

図4-41　副腎

皮質
髄質

症や免疫反応を抑制する抗炎症，抗アレルギー，抗ショック作用[34]，骨の形成（骨形成）の抑制，胃酸の分泌促進（胃潰瘍の発生），成長ホルモン，グルカゴン，カテコールアミンなどの他のホルモンの作用を強める効果（**許容効果**）などがあります[35]．

● 電解質コルチコイド

電解質コルチコイド（鉱質コルチコイド，ミネラルコルチコイド）の代表的なものにはアルドステロンがあります．アルドステロンは下垂体前葉から出る副腎皮質刺激ホルモンの刺激よりも，細胞外液量の減少や血圧の低下によって産生される**アンギオテンシンⅡ**というホルモンなどによって分泌が促されます[36]．

アルドステロンの作用は，腎臓におけるナトリウムイオン（Na^+）の再吸収促進とカリウムイオン（K^+），水素イオン（H^+）の排出促進などです．Na^+の浸透圧によって水の再吸収も増加するため，細胞外液の量を保ち，血圧の上昇に働きます[37]．

advance

レニン‐アンギオテンシン‐アルドステロン系

細胞外液量の減少，血圧の低下などによって腎臓から**レニン**が分泌されます．レニンは血中のアンギオテンシノーゲンを**アンギオテンシンⅠ**に変換します．アンギオテンシンⅠは変換酵素の働きによりアンギオテンシンⅡとなって，アルドステロンの分泌を促します．この調節系は**レニン‐アンギオテンシン‐アルドステロン系**（**RAA系**）とよばれます．

アンギオテンシンⅡは血管を収縮させる作用があり，アルドステロンの作用と併せて血圧を上昇させます．

● 副腎アンドロゲン

副腎でつくられるアンドロゲンには**デヒドロエピアンドロステロン**（DHEA）[38]があります．副腎皮質刺激ホルモン（ACTH）によって分泌が促されます．弱い男性化作用があります．

※34　ステロイド剤（糖質コルチコイド）：抗炎症作用や免疫抑制作用などにより治療によく用いられていますが，さまざまな作用があるため副作用に注意が必要です．

※35　コルチゾールの過剰分泌：下垂体や副腎皮質の腫瘍によるコルチゾールの過剰分泌によって高血糖，高血圧，骨粗鬆症，筋肉の発育不良，脂肪の沈着による体幹のみの肥満である中心性肥満，満月状の顔となる満月様顔貌，精神障害などが生じます（クッシング病，クッシング症候群）．

● アンギオテンシンⅡ＝アンジオテンシンⅡ，angiotensin Ⅱ
※36　アルドステロンの分泌：血液中のK^+濃度の増加でもアルドステロンは分泌されます．

※37　心房性ナトリウム利尿ペプチド（atrial natriuretic peptide：ANP）：心臓から分泌される心房性ナトリウム利尿ペプチドは，血液量の増加で心房壁が伸びることによって分泌されます．アルドステロンの分泌を抑制し，腎臓でのナトリウムの再吸収とレニンの分泌を抑えて，血液量の減少，血圧の低下を促します．

● レニン＝renin
● アンギオテンシンⅠ＝angiotensin Ⅰ

※38　デヒドロエピアンドロステロン（dehydroepiandrosterone）：女性の腋毛・陰毛の発生，性欲の発現などに関係します．加齢に伴って減少するため，加齢の指標として用いられます．心血管，代謝，神経への作用なども報告されています．

▶副腎髄質ホルモン

副腎髄質から分泌される**副腎髄質ホルモン**はアミン型ホルモンで，カテコールアミンのアドレナリン（エピネフリン）●，ノルアドレナリン（ノルエピネフリン）●，ドーパミン●があります※39．

カテコールアミンは低血糖，運動，ストレス，危険な状態などによる交感神経の興奮時に大量に分泌されます（警告反応，緊急反応，闘争・逃走反応）．

アドレナリンとノルアドレナリンは似たような作用をしますが，アドレナリンは特に心臓の収縮力増大，心拍数増加などの心機能の促進作用と，肝臓のグリコーゲンの分解促進による血糖値上昇作用が強く，ノルアドレナリンは特に血管収縮による血圧上昇作用が強くなっています．これらのホルモンは他にも脂肪分解促進，代謝の亢進，熱産生増加，胃腸運動の抑制，気管支拡張，中枢神経系の覚醒などさまざまな作用をします．

- アドレナリン＝A
- ノルアドレナリン＝NA
- ドーパミン＝DA

※39 分泌されるカテコールアミンの割合：アドレナリンが約80％，ノルアドレナリンが約20％で，ドーパミンはわずかです．

5. 血糖値のコントロールなどにかかわる膵臓ホルモン

膵臓のランゲルハンス島（膵島）から分泌される**膵臓ホルモン**には，**インスリン**●，**グルカゴン**●，**ソマトスタチン**●などがあります（図4-42）．

- インスリン＝insulin
- グルカゴン＝glucagon
- ソマトスタチン＝somatostatin

▶インスリン

インスリンは血糖値を下げる唯一のホルモンです．血糖値が上昇するとインスリンの分泌が促されます．

インスリンは，組織での糖の取り込みと消費を促進し，グリコーゲンの合成促進により血糖値を低下させます．また，トリグリセリドの合成促進と分解抑制によって脂肪の貯蔵は増加します※40．

※40 インスリンの分泌異常：インスリンが正常に分泌されなかったり，インスリンの作用が低下（インスリン抵抗性）したりすると糖尿病（口渇，多飲，多尿）になります．膵臓の腫瘍（インスリノーマ）によりインスリンが高値となると脂肪合成の増加と低血糖による過食で体重は増加し肥満になります．

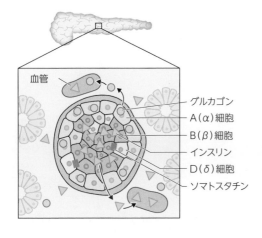

図4-42 膵臓とランゲルハンス島の内分泌細胞

膵臓のランゲルハンス島にあるA（α）細胞はグルカゴン，B（β）細胞はインスリン，D（δ）細胞はソマトスタチンを分泌します．

血管
グルカゴン
A（α）細胞
B（β）細胞
インスリン
D（δ）細胞
ソマトスタチン

▶ グルカゴン

グルカゴンは血糖値を上昇させるホルモンです[41]．血糖値の低下（低血糖）などにより分泌が促進されます．高血糖やインスリンはグルカゴンの分泌を抑制します．

グルカゴンは，肝臓のグリコーゲンの分解促進，糖新生*の促進によって血糖値を上昇させます．また，脂肪分解を促進してケトン体*の生成を促進します．

▶ ソマトスタチン

ソマトスタチンはさまざまなホルモン（成長ホルモン，インスリン，グルカゴン，ガストリン，セクレチン）の分泌を抑制します．

6. 生殖機能にかかわる性ホルモン

性ホルモンはステロイドホルモンに分類されます．卵巣から分泌されるエストロゲン*（卵胞ホルモン，濾胞ホルモン）のエストラジオール*と黄体から分泌されるプロゲステロン（黄体ホルモン）*，精巣から分泌されるアンドロゲン（精巣ホルモン）のテストステロン*などがあります．

▶ エストロゲン

視床下部からの性腺刺激ホルモン放出ホルモン（GnRH）の分泌，下垂体前葉からの卵胞刺激ホルモン（FSH）の分泌によって，卵巣の卵胞（濾胞）を発達させます．発達した卵胞からは，エストロゲンが

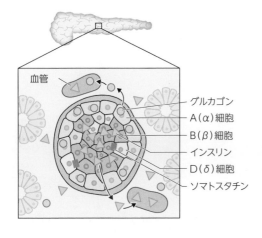 の右側欄外注：

※41　血糖値を上昇させるホルモン：他にもアドレナリン，コルチゾール，甲状腺ホルモン，成長ホルモンなどたくさんあります．
● 糖新生　→2章2-3
● ケトン体　→2章2-4

● エストロゲン＝estrogen

● エストラジオール＝17β-エストラジオール，E_2
● プロゲステロン＝progesterone
● テストステロン＝testosterone：T

 内テキスト：分解！ グルカゴン

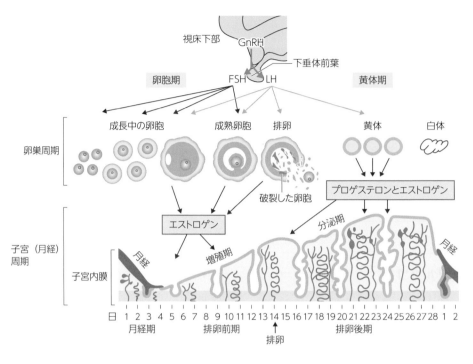

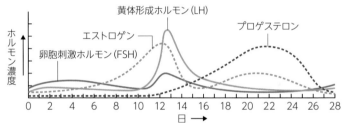

下垂体前葉ホルモンと卵巣から分泌されるホルモンの濃度変化

図4-43　卵胞成熟と性ホルモン分泌

卵母細胞は，卵胞に包まれて卵巣内で成熟します．卵胞から分泌されるエストロゲンの急増により排卵が生じ，破裂した卵胞は黄体とよばれる構造となります．黄体はプロゲステロンを主に分泌しますが，エストロゲンも分泌しています（ただし，黄体になるとエストロゲンの分泌濃度は低下します）．プロゲステロンはエストロゲンと協調して，受精卵着床の準備と維持（子宮内膜を厚くするなど）を行います．受精が起こらなかった場合は，黄体は変性して白体とよばれる線維組織になり，月経が生じます．参考文献1をもとに作成．

分泌されます（**図4-43**）．エストロゲンの代表的なものにはエストラジオールがあります．

　エストロゲンは女性の二次性徴を促します[42]．排卵前にエストロゲンが急増すると正のフィードバックによって下垂体前葉の黄体形成ホルモン（LH）の急増（LHサージ）が生じて排卵が起こり，黄体が形成されます[43]．

※42　エストロゲンと二次性徴：子宮内膜の増殖，卵胞発育促進，子宮筋の肥大，乳管の成長促進などを生じさせます．

※43　排卵後の分泌：排卵後には再びエストロゲンの分泌が増え，プロゲステロンの作用を補強します．

▶ プロゲステロン

形成された黄体からは前述のエストロゲンとプロゲステロンが分泌されます．プロゲステロンは子宮内膜を厚くし，分泌物を出させて受精卵の着床に備えます．また，代謝を亢進させて基礎体温を上昇させます．負のフィードバックにより，黄体形成ホルモン（LH）の分泌を抑制して排卵を抑えます．

受精の生じない場合は黄体が退化してプロゲステロンは減少し，子宮粘膜がはがれて出血とともに体外に排出されます（**月経**●）．

● 月経 = menstruation

受精して着床（妊娠）した場合は，黄体が発達してプロゲステロンの分泌が維持され，妊娠を継続し，子宮筋の自発収縮を抑制，乳腺の成長を促進します[44]．

※44 胎盤でつくられるホルモン：胎盤からはヒト絨毛性ゴナドトロピン（ヒト絨毛性性腺刺激ホルモン：hCG），卵胞ホルモン，黄体ホルモン，プロラクチンがつくられ，妊娠を継続させます．hCGは妊娠の初期に急増するため，妊娠の判定に利用されます．

▶ アンドロゲン

視床下部からの性腺刺激ホルモン放出ホルモン（GnRH）の分泌により，下垂体前葉から分泌される黄体形成ホルモン（LH）が，精巣から分泌されるアンドロゲン（精巣ホルモン）であるテストステロン（T）の合成，分泌を促進します[45]．

※45 テストステロンの合成，分泌の促進：LHが精巣のライディッヒ細胞（間質細胞）に作用してテストステロンの分泌が促されます．

テストステロンは，男性の生殖器発達，精子形成・成熟，タンパク質合成（身体発達），二次性徴の発達を促します．

7. 消化にかかわる消化管ホルモン

消化管から分泌される**消化管ホルモン**[46]として胃から分泌する**ガストリン**●，**セクレチン**●，**コレシストキニン（パンクレオザイミン）**● などがあります（図4-44）．

※46 消化管ホルモン：消化管ホルモンはペプチドホルモンです．
● ガストリン = gastrin
● セクレチン = secretin
● コレシストキニン = cholecystokinin：CCK，パンクレオザイミン：pancreozymin

▶ ガストリン

ガストリンは，胃にタンパク質性の食物が入ってくると分泌されて，胃液分泌と胃の運動を促進します．

▶ セクレチン

胃液の酸が十二指腸に入るとセクレチンが分泌されて，胃液分泌を抑制するとともに，膵液（重炭酸イオン HCO_3^-）の分泌を促進します[47]．

※47 重炭酸イオンによるpHの調節：胃酸によるpHの変化を和らげます．

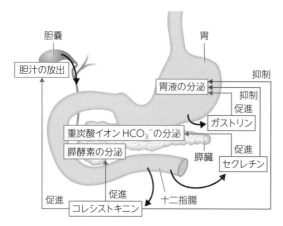

胆嚢
胆汁の放出
胃
抑制
胃液の分泌
抑制
促進
ガストリン
重炭酸イオンHCO₃⁻の分泌
膵酵素の分泌
膵臓
促進
セクレチン
促進
促進
十二指腸
コレシストキニン

図4-44　消化管ホルモンの分泌
胃からガストリンが分泌され，胃液の分泌を促進します．胃液が十二指腸に入るとセクレチンが分泌し，胃液を抑え，膵液の重炭酸イオンHCO₃⁻の分泌を促します．消化物や脂肪酸が十二指腸に入るとコレシストキニンが分泌し，胃液を抑え膵液（酵素）の分泌を促すとともに胆嚢を収縮させて胆汁の分泌を促します．

▶ コレシストキニン

●膵液（酵素）→2章1-2

　タンパク質の消化物や脂肪酸が十二指腸に入るとコレシストキニンが分泌されて，膵液（酵素）●の分泌を促進させたり，胆嚢を収縮させて胆汁の放出を促進させて，タンパク質や脂質を消化します．また，胃酸分泌と胃の運動を抑制し，腸管の運動を促進するなどの作用ももっています．

●レニン　→p199 advance
●エリスロポエチン＝erythropoietin：EPO

8. その他のホルモン

　腎臓からは**レニン**●と，**エリスロポエチン**●が分泌されます．レニンはアンギオテンシンの生成を介してアルドステロンの分泌にかかわります．エリスロポエチンは血液中の酸素濃度の低下によって骨髄における赤血球の産生を促進します．

●松果体＝pineal gland
※48　メラトニン（melatonin）：魚類や両生類のメラニン保有細胞に作用して体色を明化させるホルモン．網膜や免疫系の細胞からも産生されます．
●概日リズム＝サーカディアンリズム，circadian rhythm

　松果体●からは**メラトニン**※48が分泌されます．メラトニンは，日長の情報を伝達（夜間に分泌）して，睡眠・覚醒のリズム，ホルモン分泌のリズムなどの約1日の生体のリズム（**概日リズム**●）や季節のリズムの調節にかかわります．睡眠導入作用や性機能を抑える働きなどもあります．

練 習 問 題

ⓐ ホルモンとは

❶ ペプチドホルモンはどれか.

①アドレナリン ②アルドステロン ③副腎皮質刺激ホルモン ④サイロキシン

⑤エストラジオール

❷ 細胞内の受容体に作用するホルモンはどれか.

①アドレナリン ②コルチゾール ③プロラクチン ④オキシトシン

⑤バソプレシン

❸ エキソサイトーシスによって分泌されるホルモンはどれか.

①アドレナリン ②アルドステロン ③コルチゾール ④エストラジオール

⑤サイロキシン

❹ アミン型ホルモンはどれか.

①アルドステロン ②エピネフリン ③アンドロゲン ④アミラーゼ

⑤エリスロポエチン

ⓑ 視床下部と下垂体

❶ 下垂体後葉から分泌されるホルモンを2つ答えてください.

❷ FSHの正式名称を答えてください.

❸ LHの正式名称を答えてください.

❹ 甲状腺刺激ホルモンはどこから分泌されるか答えてください.

❺ CRHは何というホルモンの分泌を促進するか答えてください.

❻ 射乳を引き起こすホルモンは何というか答えてください.

ⓒ その他のホルモン

❶ 副甲状腺から分泌されるホルモンは何というか答えてください.

❷ アルドステロンによって再吸収が促進される電解質は何か答えてください.

❸ 血糖値を下げる働きをもつホルモンは何というか答えてください.

❹ 正のフィードバックによってLHの大量放出(LHサージ)を引き起こすホルモンは何というか
答えてください.

❺ 松果体から分泌されるホルモンは何というか答えてください.

練習問題の 解答

ⓐ❶ ③

下垂体前葉ホルモンはすべてペプチドホルモンからなり，副腎皮質刺激ホルモンはペプチドホルモンです．アドレナリン，サイロキシンはアミン型ホルモン，アルドステロン，エストラジオールはステロイドホルモンとなります．ほとんどがペプチドホルモンなので，アミン型ホルモンとステロイドホルモンがどれかを覚えておけばよいでしょう．

❷ ②

細胞内の受容体に作用するホルモンは，脂溶性ホルモンであるステロイドホルモンと甲状腺ホルモンです．コルチゾールはステロイドホルモンなので細胞内の受容体に作用します．

❸ ①

エキソサイトーシス（開口放出）によって分泌されるのは，ペプチドホルモンとアミン型ホルモンになります．アドレナリンはアミン型ホルモンなのでエキソサイトーシスによって分泌されます．ステロイドホルモンと甲状腺ホルモンは脂溶性ホルモンであるため内分泌腺から直接漏れ出る形で分泌されます．

❹ ②

アミン型ホルモンは，カテコールアミンのアドレナリン（エピネフリン），ノルアドレナリン（ノルエピネフリン），ドーパミン（ドパミン）と甲状腺ホルモンのトリヨードサイロニン（トリヨードチロニン），サイロキシン（チロキシン）です．アドレナリンは別名でエピネフリンとよばれます．別名も併せて覚えておきましょう．

ⓑ❶ バソプレシン（抗利尿ホルモン），オキシトシン

下垂体後葉ホルモンはバソプレシンとオキシトシンの2種類のみです．

❷ 卵胞刺激ホルモン

卵胞（ovarian follicle）を刺激する（stimulating）ホルモン（hormone）で，FSHと略します．略されることが多いので覚えておきましょう．

❸ 黄体形成ホルモン（黄体化ホルモン）

黄体形成する，黄体化する（luteinizing）ホルモン（hormone）で，LHと略します．略されることが多いので覚えておきましょう．

❹ 下垂体前葉

刺激ホルモン（甲状腺刺激ホルモン，副腎皮質刺激ホルモン，卵胞刺激ホルモン，黄体形成ホルモン）と成長ホルモン，プロラクチンは下垂体前葉から分泌されます.

❺ 副腎皮質刺激ホルモン（ACTH）

視床下部ホルモンである副腎皮質刺激ホルモン放出ホルモン（CRH）は，下垂体前葉ホルモンである副腎皮質刺激ホルモン（ACTH）の分泌を促進します. また，ACTH は副腎皮質ホルモンである糖質コルチコイド（グルココルチコイド）の分泌を促します.

❻ オキシトシン

オキシトシンは，乳腺の平滑筋（筋上皮細胞）を収縮させて射乳（乳汁分泌，乳汁射出）を促します.

ⓒ ❶ パラトルモン（パラソルモン，副甲状腺ホルモン，上皮小体ホルモン）

副甲状腺（上皮小体）からは，パラトルモン（パラソルモン，副甲状腺ホルモン，上皮小体ホルモン，PTH）が分泌されます.

❷ ナトリウム

アルドステロンは，腎臓においてナトリウムイオン（Na^+）の再吸収を促進します. 一方で，カリウムイオン（K^+）と水素イオン（H^+）は排出させます.

❸ インスリン

血糖値を下げる唯一のホルモンがインスリンです. 食事などによって血糖値が上昇するとインスリンが分泌され，糖の取り込みと消費，グリコーゲン合成促進などによって血糖値を低下させます.

❹ エストロゲン（卵胞ホルモン，エストラジオール）

エストロゲンの分泌量が急増すると正のフィードバックによって下垂体前葉の黄体形成ホルモン（LH）の急増（LH サージ）が生じて排卵が起こります.

❺ メラトニン

松果体は松ぼっくりの形に似ていることからそうよばれており，松果体からはメラトニンが分泌されます. メラトニンは概日リズム（サーカディアンリズム）の調節に重要な役割をもつことが知られており，明るい光によって分泌が抑制され，日中は分泌量が低く，夜に分泌量が高くなります.

参考文献

1) 「トートラ人体解剖生理学 原書10版」(佐伯由香, 他/編訳), 丸善出版, 2017

2) 「生物」(嶋田正和, 他/著), 数研出版, 2012

3) 「生理学・生化学につながる ていねいな化学」(白戸亮吉, 他/著), 羊土社, 2019

4) 「運動・からだ図解 新版 生理学の基本」(中島雅美/著), マイナビ出版, 2020

5) 「生物基礎」(嶋田正和, 他/著), 数研出版, 2011

6) 「系統看護学講座 生化学 第13版」(三輪一智, 中恵一/著), 医学書院, 2014

7) 「生化学 改訂第2版(栄養科学イラストレイテッド)」(薗田 勝/編), 羊土社, 2012

8) 「スクエア最新図説生物」(吉里勝利/監) 第一学習社, 2004

9) 「系統看護学講座 解剖生理学 第9版」(坂井建雄, 岡田隆夫/著), 医学書院, 2014

10) 「やさしい基礎生物学 第2版」(南雲 保/編著, 今井一志, 他/著), 羊土社, 2014

11) 「コスタンゾ明解生理学」(Linda S. Costanzo/著, 岡田 忠, 菅屋潤壹/監訳), エルゼビア・ジャパン, 2007

12) 「Essential 細胞生物学 原書第3版」(中村桂子, 松原謙一/監訳), 南江堂, 2011

13) 「岩波 生物学辞典 第4版」(八杉龍一, 他/編), 岩波書店, 1996

14) 「シンプル生理学 改訂第7版」(貴邑冨久子, 根来英雄/著), 南江堂, 2016

15) 「日本人体解剖学 改訂19版 上巻」(金子丑之助/原著, 金子勝治, 穐田真澄/改訂) 南山堂, 2000

16) 「カニクイザルの始原生殖細胞は羊膜で形成される～霊長類における精子・卵子の起源と形成機構の解明～」〔京都大学, 科学技術振興機構(JST)〕(平成28年10月)(https://www.jst.go.jp/pr/announce/20161007/index.html)

17) 「放射線生物学 5訂版」(杉浦紳之, 他/著), 通商産業研究社, 2017

18) 「放射線生物学(診療放射線技師 スリム・ベーシック1)」(福士政広/編), メジカルビュー社, 2009

19) 「基礎から学ぶ生物学・細胞生物学 第3版」(和田 勝/著, 髙田耕司/編集協力), 羊土社, 2015

20) 「中学理科教科書「未来へひろがるサイエンス」Q&A」(啓林館)(https://www.shinko-keirin.co.jp/keirinkan/j-scie/q_a/index.html)

21) 「系統看護学講座 生化学 第14版」(畠山鎮次/著), 医学書院, 2019

22) 「看護学生のための解剖生理よくわかるBOOK」(江連和久, 村田栄子/編著), メヂカルフレンド社, 2011

23) 「カラー図解 人体の正常構造と機能」(坂井建雄, 河原克雅/総編集), 日本医事新報社, 2008

24) 「改訂 新編生物基礎」(浅島誠, 他/著), 東京書籍, 2017

25) 「生物基礎 新訂版」(庄野邦彦, 他/編), 実教出版, 2017

26) 「高等学校 改訂 生物基礎」(吉里勝利, 他/著), 第一学習社, 2017

27) 「Qシリーズ 新生理学」(竹内昭博/著), 日本医事新報社, 2019

28) 「三訂版 視覚でとらえるフォトサイエンス生物図録」(鈴木孝仁/監), 数研出版, 2017

29) 「やさしい生理学 改訂第7版」(彼末一之, 能勢 博/編), 南江堂, 2017

30) 「サイエンスビュー 生物総合資料 四訂版 生物基礎・生物・科学と人間生活 対応」(長野 敬, 牛木辰男/監), 実教出版, 2019

31) 「系統看護学講座 生物学 第10版」(高畑雅一, 増田隆一, 北田一博/著), 医学書院, 2019

32) 「宇宙一わかりやすい高校生物(生物基礎)」(船登惟希/著, 赤坂甲治/監修, 水谷さるころ/絵), 医学書院, 2019

33) 「生理学テキスト 第8版」（大地陸男／著），文光堂，2017

34) 「PT・OTのための生理学テキスト」（安藤啓司／著），文光堂，2016

35) 「標準理学療法学・作業療法学 専門基礎分野 生理学 第5版」（岡田隆夫，他／著），医学書院，2018

36) 「日本人体解剖学 下巻」（金子丑之助／原著，金子勝治／監，穐田真澄／編著），南山堂、2020

37) 「マクマリー生物有機化学［生化学編］原書8版」（菅原二三男，他／監訳，上田実，他／訳），丸善出版、2018

38) 鈴木教郎，山本雅之：医学のあゆみ，257：1151-1155，2016

39) 「改訂版 生物」（嶋田正和，他／著），数研出版，2018

40) Zanusso G, et al：N Engl J Med，348：711-719，2003

41) 「新課程 チャート式シリーズ 新生物 生物基礎・生物」（鈴木孝仁，他／著），数研出版，2013

42) Pivovarov AS, et al：Invert Neurosci，19：1，2018

43) 「カンデル神経科学」（Eric R. Kandel，他／著，金澤一郎，宮下保司／監），メディカル・サイエンス・インターナショナル，2014

44) 「Molecular Biology of the Cell 4th edition」（Alberts B, et al, eds），Garland Science，2002

45) 「理学療法士・作業療法士 PT・OT基礎から学ぶ 生理学ノート 第3版」（中島雅美／著），医歯薬出版，2018

46) 「人体の構造と機能 第4版」（エレイン N. マリーブ／著，林正健二，他／訳），医学書院，2015

47) 「人体の構造と機能 第4版」（内田さえ，他／編著），医歯薬出版，2015

48) 「組織細胞生物学 原書第3版」（内山安男／監訳），南江堂，2015

49) 「標準生理学 第7版」（小澤瀞司，福田康一郎／総編集），医学書院，2009

50) 「図解ワンポイント・シリーズ 生理学 人体の構造と機能」（片野由美，内田勝雄／著），医学芸術社，2004

51) 佐藤昭夫：日本良導絡自律神経学会雑誌，38：35-44，1993

52) 坂井信之，大沼卓也：基礎心理学研究，35：21-24，2016

53) 清水 豊：繊維製品消費科学，28：316-321，1987

54) 「医療・看護系のための生物学」（田村隆明／著），裳華房，2010

55) 「図解入門 よくわかる生理学の基本としくみ―メディカルサイエンスシリーズ」（當瀬規嗣／著），秀和システム，2006

56) 「新体系 看護学全書 人体の構造と機能 解剖生理学 第3版」（橋本尚詞，鯉淵典之／編著），メヂカルフレンド社，2017

57) 「新訂版 解剖生理をおもしろく学ぶ」（増田敦子／著），サイオ出版，2015

58) 「みる見るわかる脳・神経科学入門講座 改訂版 前編 はじめて学ぶ，脳の構成細胞と情報伝達の基盤」（渡辺雅彦／著），羊土社，2008

59) 丸山 徹：膜，34：246-248，2009

60) Jiefu Li & Liqun Luo：Nature，548：285-287，2017

索引

著者プロフィール

白戸 亮吉
（しろと あきよし）

2009年山形大学理学部生物学科卒業．2014年山形大学大学院理工学研究科博士後期課程修了．博士（理学）．静岡県立浜松南高等学校専門支援員（サイエンスエキスパート）などを経て，2016年より日本医療科学大学保健医療学部助教（現職）．講義はこれまでに化学，生化学，生理学などを担当し，現在は生物学，基礎科学実験などを担当．専門は動物行動学で，アリ類の多女王制進化について研究．

小川 由香里
（おがわ ゆかり）

2003年熊本大学理学部環境理学科卒業．2012年熊本大学大学院薬学教育部分子機能薬学専攻博士後期課程修了．博士（薬学）．尚絅大学生活科学部助手などを経て，2014年より日本医療科学大学保健医療学部助教，2020年より准教授（現職）．講義は生化学，生理学，化学などを担当．核酸の酸化損傷に対する防御機構，疾患と酸化ストレスの関係について研究．

鈴木 研太
（すずき けんた）

2012年埼玉大学大学院理工学研究科博士後期課程修了．博士（理学）．理化学研究所リサーチアソシエイト，科学技術振興機構ERATO研究員，宇都宮大学特任研究員などを経て，2015年より日本医療科学大学保健医療学部助教，2020年より准教授（現職）．講義は生物学や基礎科学実験などを担当．これまで人体機能学（生理学）などの指導にも携わってきた．動物の行動にかかわる神経・内分泌系のしくみについて研究．2009年度笹川科学研究奨励賞受賞．

生理学・生化学につながる　ていねいな生物学

2021年3月 1日　第1刷発行	著　者	白戸亮吉，小川由香里，鈴木研太
2024年2月15日　第3刷発行	発行人	一戸裕子
	発行所	株式会社　羊　土　社

〒101-0052
東京都千代田区神田小川町2-5-1
TEL　03（5282）1211
FAX　03（5282）1212
E-mail　eigyo@yodosha.co.jp
URL　www.yodosha.co.jp/

印刷所　大日本印刷株式会社

ⓒYODOSHA CO., LTD. 2021
Printed in Japan

ISBN978-4-7581-2110-1

羊土社　発行書籍

生理学・生化学につながる　ていねいな化学

白戸亮吉，小川由香里，鈴木研太／著
定価 2,200 円（本体 2,000 円＋税 10%）　B5 判　192 頁　ISBN 978-4-7581-2100-2

医療者を目指すうえで必要な知識を厳選！生理学・生化学・医療とのつながりがみえる解説で「なぜ化学が必要か」がわかります．化学が苦手でも親しみやすいキャラクターとていねいな解説で楽しく学べます！

ていねいな保健統計学　第 2 版

白戸亮吉，鈴木研太／著
定価 2,420 円（本体 2,200 円＋税 10%）　B5 判　199 頁　ISBN 978-4-7581-0976-5

看護師・保健師国試対応！難しい数式なしで基本的な考え方をていねいに解説しているから，平均も標準偏差も検定もこれで納得！はじめの一冊に最適です．第 2 版では統計データを更新．国試過去問入りの練習問題付き．

解剖生理や生化学をまなぶ前の　楽しくわかる生物・化学・物理

岡田隆夫／著，村山絵里子／他
定価 2,860 円（本体 2,600 円＋税 10%）　B5 判　215 頁　ISBN 978-4-7581-2073-9

理科が不得意な医療系学生のリメディアルに最適！必要な知識だけを厳選して解説，専門科目でつまずかない基礎力が身につきます．頭にしみこむイラストとたとえ話で，最後まで興味をもって学べるテキストです．

楽しくわかる栄養学

中村丁次／著
定価 2,860 円（本体 2,600 円＋税 10%）　B5 判　215 頁　ISBN 978-4-7581-0899-7

「どうしてバランスのよい食事が大切なのか」「そもそも栄養とは何か」という栄養学の基本から，栄養アセスメント，経腸栄養など医療の現場で役立つ知識まで学べます．栄養の世界を知る第一歩として最適の教科書．

感染制御の基本がわかる微生物学・免疫学

増澤俊幸／著
定価 3,080 円（本体 2,800 円＋税 10%）　B5 判　254 頁　ISBN 978-4-7581-0975-8

微生物の基礎知識から院内感染対策，手指消毒やマスクの脱着方法まで，将来医療に従事する学生にとって必要な知識をコンパクトにまとめた教科書．看護師国家試験に頻出の内容も網羅．臓器・組織別感染症の章も必見．

薬の基本とはたらきがわかる薬理学

柳田俊彦／編
定価 3,300 円（本体 3,000 円＋税 10%）　B5 判　349 頁　ISBN 978-4-7581-2169-9

薬理学の基本概念と，臨床現場で使用する薬の作用がわかるテキスト．主要な疾患別治療薬のはたらきが豊富な図表で目で見て学べます．章末問題で理解度もチェックでき，医療系養成校の講義・自習教材に最適！

はじめの一歩の薬理学　第2版

石井邦雄, 坂本謙司／著
定価 3,190円（本体 2,900円＋税 10%）　B5判　310頁　ISBN 978-4-7581-2094-4

身近な薬が「どうして効くのか」を丁寧に解説した薬理定番テキスト．カラーイラストで捉える機序は記憶に残ると評判．「感覚器」「感染症」「抗癌剤」など独立・整理し，医療の現場とよりリンクさせやすくなりました．

はじめの一歩の病理学　第2版

深山正久／編
定価 3,190円（本体 2,900円＋税 10%）　B5判　279頁　ISBN 978-4-7581-2084-5

病理学の「総論」に重点をおいた内容構成だから，病気の種類や成り立ちの全体像がしっかり掴める．改訂により，近年重要視されている代謝障害や老年症候群の記述を強化．看護など医療系学生の教科書として最適．

はじめの一歩のイラスト生理学　改訂第2版

照井直人／編
定価 3,850円（本体 3,500円＋税 10%）　B5判　213頁　ISBN 978-4-7581-2029-6

はじめて学ぶ生理学に最適，目で見てわかる教科書の改訂版が登場！豊富なイラストとやさしい解説はそのままに，全体に見直しをはかり，よりわかりやすくなりました．膨大な生理学の内容をコンパクトに学べる一冊！

はじめの一歩のイラスト感染症・微生物学

本田武司／編
定価 3,520円（本体 3,200円＋税 10%）　B5判　189頁　ISBN 978-4-7581-2023-4

微生物学のエッセンスを感染症の視点を交えながら解説．暗記ではなく理解を深めることを重視した記述だから，この一冊で必要な知識が身につけられます．イラストや写真，用語解説も豊富に掲載．教科書に最適です！

はじめの一歩の生化学・分子生物学　第3版

前野正夫, 磯川桂太郎／著
定価 4,180円（本体 3,800円＋税 10%）　B5判　238頁　ISBN 978-4-7581-2072-2

初版より長く愛され続ける教科書が待望のカラー化！高校で生物を学んでいない方にとってわかりやすい解説と細部までこだわったイラストが満載．第3版では，幹細胞・血液検査など医療分野の学習に役立つ内容を追加！

はじめの一歩の病態・疾患学　病態生理から治療までわかる

林　洋／編
定価 2,970円（本体 2,700円＋税 10%）　B5判　311頁　ISBN 978-4-7581-2085-2

臨床現場で必要な知識をこの1冊に凝縮．臓器別の解説により病態を判断する力はもちろん，ケアへつながる視点が身につきます．病態と疾患の関係にすぐアクセスできる病名索引付き．看護学生の教科書におすすめです．

ひと目でわかるビジュアル人体発生学

山田重人, 山口 豊／著
定価 3,960円（本体 3,600円＋税 10%）　A5判　189頁　ISBN 978-4-7581-2109-5

受精や筋骨格・臓器・神経系形成など幅広い項目を精緻なイラストで解説し，ヒトの発生がすぐわかる！分子生命科学分野は省き，立体的・連続的な発生学を学習できます！学生から小児科医，産婦人科医まで必携の1冊．

基礎からしっかり学ぶ生化学

山口雄輝／編著　成田 央／著
定価 3,190 円（本体 2,900 円＋税 10%）　B5 判　245 頁　ISBN 978-4-7581-2050-0

理工系ではじめて学ぶ生化学として最適な入門教科書．翻訳教科書に準じたスタンダードな章構成
で，生化学の基礎を丁寧に解説．暗記ではない，生化学の知識・考え方がしっかり身につく．理解
が深まる章末問題も収録．

基礎から学ぶ遺伝子工学　第3版

田村隆明／著
定価 3,960 円（本体 3,600 円＋税 10%）　B5 判　304 頁　ISBN 978-4-7581-2124-8

カラーイラストで遺伝子工学のしくみを解説した定番テキスト．使用頻度が減った実験手法は簡略
化し，代わりにゲノム編集やNGS，医療応用面を強化．実験で手を動かす前に押さえておきたい知
識が無理なく身につく．

基礎から学ぶ生物学・細胞生物学　第4版

和田 勝／著，髙田耕司／編集協力
定価 3,520 円（本体 3,200 円＋税 10%）　B5 判　349 頁　ISBN 978-4-7581-2108-8

大学・専門学校で初めて生物学を学ぶ人向けの定番教科書．免疫，神経，発生の章を中心に，さら
に理解しやすい内容に改訂．復習に役立つ章末問題や，紙でαヘリックスをつくるなど手を動かし
て学ぶ演習も充実．

基礎から学ぶ免疫学

山下政克／編
定価 4,400 円（本体 4,000 円＋税 10%）　B5 判　288 頁　ISBN 978-4-7581-2168-2

初学者目線の教科書，登場！全体を俯瞰してから各論に進む構成なので，情報の海におぼれません．
免疫学の本質が伝わるよう精選された内容とフルカラーの豊富な図表が理解を助けます．免疫学に
興味をもつ全ての人に．

現代生命科学　第3版

東京大学生命科学教科書編集委員会／編
定価 3,080 円（本体 2,800 円＋税 10%）　B5 判　198 頁　ISBN 978-4-7581-2103-3

東大発，トピックを軸に教養としての生命科学が学べる決定版テキスト！高大接続を重視し，日本
学術会議の報告書「高等学校の生物教育における重要用語の選定について（改訂）」を参考に用語を
更新！

理系総合のための生命科学　第5版　　分子・細胞・個体から知る"生命"のしくみ

東京大学生命科学教科書編集委員会／編
定価 4,180 円（本体 3,800 円＋税 10%）　B5 判　343 頁　ISBN 978-4-7581-2102-6

細胞のしくみから発生や生態系，がんまで生命科学全般の理解に必要な知識を凝縮．高大接続を重
視し，日本学術会議の報告書「高等学校の生物教育における重要用語の選定について（改訂）」を参
考に用語を更新．

忙しい人のための公衆衛生　　「なぜ？」から学ぶ保健・福祉・健康・感染対策

平井康仁／著
定価 2,970 円（本体 2,700 円＋税 10%）　A5 判　206 頁　ISBN 978-4-7581-2368-6

国試に頻出だけど苦手！という学生のために，臨床につながる目線で根拠とポイントを解説した入
門書．医学と行政，健康を守るしくみ，合理的な意思決定のための衛生統計が短時間で学べる．理
解を助ける国試例題付き！

やさしい基礎生物学　第2版

南雲　保／編著　今井一志，大島海一，鈴木秀和，田中次郎／著
定価 3,190 円（本体 2,900 円＋税 10%）　B5判 221頁　ISBN 978-4-7581-2051-7

豊富なカラーイラストと厳選されたスリムな解説で大好評，多くの大学での採用実績をもつ教科書の第2版．自主学習に役立つ章末問題も掲載，生命の基本が楽しく学べる，大学1〜2年生の基礎固めに最適な一冊.

大学で学ぶ　身近な生物学

吉村成弘／著
定価 3,080 円（本体 2,800 円＋税 10%）　B5判　255頁　ISBN 978-4-7581-2060-9

大学生物学と「生活のつながり」を強調した入門テキスト．身近な話題から生物学の基本まで掘り下げるアプローチを採用．親しみやすさにこだわったイラスト，理解を深める章末問題，節ごとのまとめでしっかり学べる.

身近な生化学　分子から生命と疾患を理解する

畠山　大／著
定価 3,080 円（本体 2,800 円＋税 10%）　B5判　約300頁　ISBN 978-4-7581-2170-5

生化学反応を日常生活にある身近な生命現象と関連づけながら，実際の講義で話しているような語り口で解説することにより，学生さんが親しみをもって学べるテキストとなっています．好評書『身近な生物学』の姉妹編.

よくわかるゲノム医学　改訂第2版　ヒトゲノムの基本から個別化医療まで

服部成介，水島-菅野純子／著，菅野純夫／監
定価 4,070 円（本体 3,700 円＋税 10%）　B5判　230頁　ISBN 978-4-7581-2066-1

ゲノム創薬・バイオ医薬品などが当たり前になりつつある時代に知っておくべき知識を凝縮．これからの医療従事者に必要な内容が効率よく学べる．次世代シークエンサーやゲノム編集技術による新たな潮流も加筆.

診療・研究にダイレクトにつながる　遺伝医学

渡邉　淳／著
定価 4,730 円（本体 4,300 円＋税 10%）　B5判　246頁　ISBN 978-4-7581-2062-3

重要性の増す遺伝情報に基づく医療．その研究・検査・臨床に関わるすべての専門職に向けて必須の基本知識をやさしく解説．医療系大学の講義にもお使いいただきやすい内容です.

基礎から学ぶ遺伝看護学　「継承性」と「多様性」の看護学

中込さと子／監，西垣昌和，渡邉　淳／編
定価 2,640 円（本体 2,400 円＋税 10%）　B5判　178頁　ISBN 978-4-7581-0973-4

遺伝学を基礎から学べ，周産期・母性・小児・成人・がん…と様々な領域での看護実践にダイレクトにつながる，卒前・卒後教育用の教科書．遺伝医療・ゲノム医療の普及が進むこれからの時代の看護に必携の一冊.

看護学生・若手看護師のための 急変させない患者観察テクニック
小さな変化を見逃さない！できる看護師のみかた・考え方

池上敬一／著
定価 2,970 円（本体 2,700 円＋税 10%）　B5判　237頁　ISBN 978-4-7581-0971-0

「急変して予期せぬ心停止！」とならないために，できる看護師が行う「急変の芽を摘み取る方法」を"14枚の知識カード"にまとめて解説！本書をマスターすれば，できる看護師の思考パターンで動けます！